国家科技基础条件平台中心　著



科学技术文献出版社
SCIENTIFIC AND TECHNICAL DOCUMENTATION PRESS
·北京·

**图书在版编目（CIP）数据**

中国生物种质与实验材料资源发展报告. 2016 / 国家科技基础条件平台中心著. —北京：科学技术文献出版社，2017. 7
ISBN 978-7-5189-3152-1

Ⅰ. ①中… Ⅱ. ①国… Ⅲ. ①生物资源—种质资源—研究报告—中国—2016 Ⅳ. ① Q-92

中国版本图书馆 CIP 数据核字（2017）第 183210 号

**中国生物种质与实验材料资源发展报告（2016）**

策划编辑：周国臻　　责任编辑：张　红　　责任校对：张吲哚　　责任出版：张志平

出　版　者　科学技术文献出版社
地　　　址　北京市复兴路15号　邮编 100038
编　务　部　（010）58882938，58882087（传真）
发　行　部　（010）58882868，58882874（传真）
邮　购　部　（010）58882873
官 方 网 址　www.stdp.com.cn
发　行　者　科学技术文献出版社发行　全国各地新华书店经销
印　刷　者　北京地大彩印有限公司
版　　　次　2017 年 7 月第 1 版　2017 年 7 月第 1 次印刷
开　　　本　787×1092　1/16
字　　　数　156千
印　　　张　11.5
书　　　号　ISBN 978-7-5189-3152-1
定　　　价　98.00元

# 《中国生物种质和实验材料资源发展报告 2016》

## 编　写　组


**主　编**　叶玉江　包献华

**副主编**　周文能　王瑞丹　孙　命

**编写组成员**（按姓氏拼音排序）

卞晓翠　陈　方　陈韶红　陈铁梅　陈彦清
陈志辉　程　苹　方　辉　方　沩　高鲁鹏
何晓红　贺争鸣　赫运涛　胡永健　李红梅
林富荣　刘　斌　刘　柳　刘玉琴　卢　凡
卢晓华　马　旭　马俊才　马克平　马月辉
浦亚斌　石　蕾　汤高飞　田　勇　汪　斌
王　晋　王　阳　王　祎　吴　琼　吴林寰
徐　萍　徐　讯　杨湘云　张　鹏　张庆合
张瑞福　赵　君　周宇光

# 前　言

“一粒种子可以改变世界”“一块化石可以改写历史”。生物种质和实验材料资源一般指经过长期演化自然形成（如化石、岩矿）或人为改造（包括收集整理、遗传改造等）的重要物质资源，具有战略性、公益性、长期性、积累性和增值性的特点。主要包括植物种质资源、动物种质资源、微生物种质资源、标本资源、人类遗传资源、实验动物资源、实验细胞资源和标准物质资源等。生物种质和实验材料资源的收集、保存和共享利用等工作是国家科研条件能力建设的重要内容，生物种质和实验材料保藏机构是国家科技基础条件平台建设的重要组成部分。

生物种质和实验材料资源是科技创新的重要物质基础，历来是科技资源领域国际竞争和争夺的焦点。世界主要发达国家和新兴国家普遍重视生物种质和实验材料资源的收集、保存和开发利用，长期以来部署并开展了大量的工作。放眼世界，美国、英国、日本、意大利、巴西、印度等国家均建立了较为完善的种质资源保护体系，全世界有近 1750 座植物种质资源库，保存了种质资源共计 740 多万份。

新中国成立以来，党和国家十分重视生物种质和实验材料资源的收集、保存和开发利用工作。中国也是最早签署和批准联合国环境与发展大会《生物多样性公约》的缔约国之一。经过 60 多年的艰苦努力，特别是国家科技基础条件平台建设以来，生物种质资源的收集保存和共享利用工作取得了长足发展。目前，我国已收集保存植物种质资源 154 万份，微生物菌种 50 万株，各类标本 3300 万份；实验动物 2015 年产量 2617.77 万只，实验细胞 4600 株系，遴选并集中保藏了约 2000 种国家标准物质实物资源，研制了 6000 种国产科研用试剂。生物种质和实验材料资源的开发利用工作取得积极成效，有力支撑了经济社会创新发展和重大科技创新任务的实施，如水稻“野败”型基因资源的开发利用，使我国杂交水稻研究走在世界前列。

“十三五”时期是我国科技发展大有作为的重要战略机遇期。面对世界科技发展的新趋势和国内经济社会发展的新要求，我们要抓住历史机遇，准确把握需求，不断完善生物种质和实验材料资源保藏机构和平台建设，大力加强资源收集、保存和开发利用工作，有效支撑服务重大科技创新任务，充分发挥生物种质和实验材料资源对科技、经济和社会发展的重要支撑保障作用。

《中国生物种质与实验材料资源发展报告（2016）》由国家科技基础条件平台中心牵头，以国家科技资源基础调查数据为本底，在编写过程中得到了生物种质和实验材料领域国家科技资源共享服务平台、中国科学院科技促进发展局及相关领域专家的大力支持，得以最终成稿。由于时间和水平有限，内容难免出现错误和疏漏，恳请国内外同行专家和读者不吝指正！

《中国生物种质与实验材料资源发展报告2016》编写组

# 目　录

# 第 1 章

# 概　述

生物种质和实验材料资源是科研工作的基本材料，一般是指经过长期演化自然形成（如化石、岩矿）及人为改造（包括收集整理等）的、对人类社会生存与发展不可或缺的、为人类社会科技与生产活动提供基础材料、为科技创新与经济发展起支撑作用的重要物质资源。主要包括植物种质资源、动物种质资源、微生物种质资源、标本资源、人类遗传资源、实验动物资源、实验细胞资源、标准物质资源和科研用试剂等。

生物种质和实验材料资源的种类繁多，涉及领域广泛，且大多是国家重要的战略性、基础性资源。加强生物种质和实验材料资源管理对于增强自主创新能力、推进国民经济和社会发展都具有重要意义。

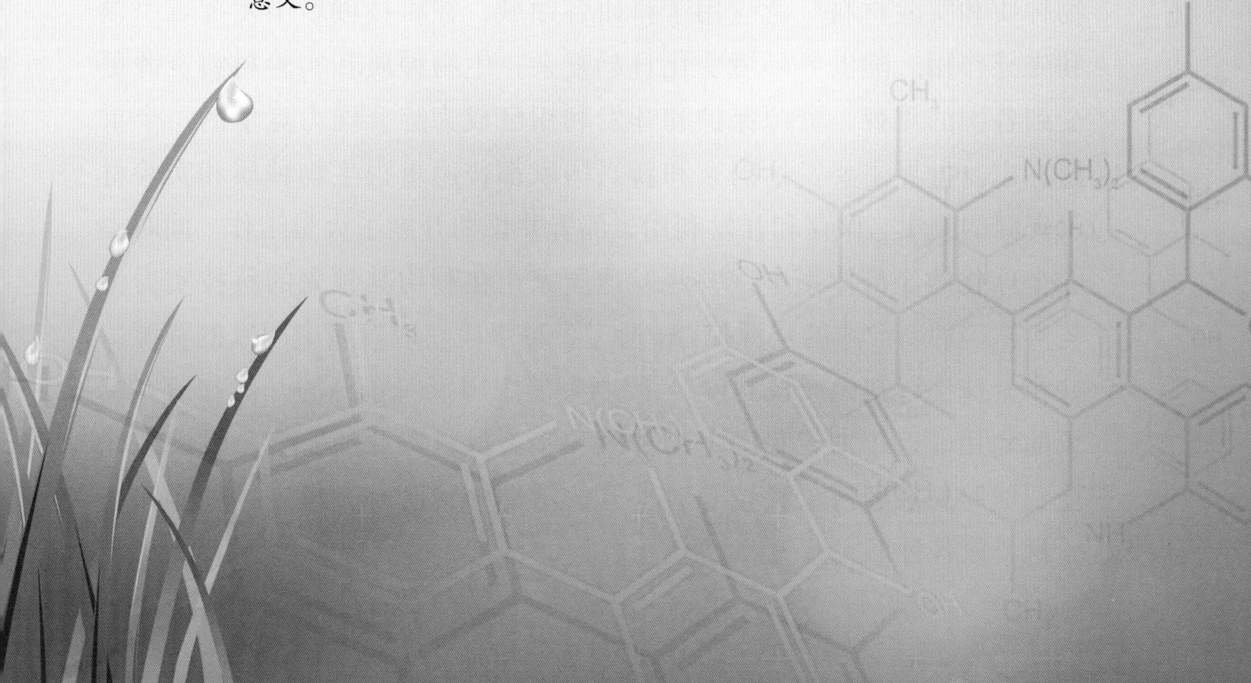

# 1 生物种质和实验材料资源具有重要战略意义

生物种质和实验材料大多是重要的国家战略性、基础性资源，是国家经济社会可持续发展必不可少的条件之一。加强生物种质和实验材料资源的研究开发和管理，对于增强自主创新能力、推进国民经济和社会发展具有重要的意义，将直接影响到国家经济未来的发展潜力，并有助于为我国在国际生物战略资源的竞争中赢得有利地位。

生物种质和实验材料资源对保持生物多样性、维护生态文明具有重要保障作用。我国是《生物多样性公约》的缔约国之一。1992 年联合国环境与发展大会通过的《生物多样性公约》中明确指出：生物资源是指对人类具有实际或潜在用途或价值的遗传资源、生物体或其部分、生物群体或生态系统中任何其他生物组成部分，最好在遗传资源原产国建立和维持迁地保护及研究的设施。《生物多样性公约》对于“遗传资源的原产国”和“提供遗传资源的国家”均给出了界定，并且申明“各国对自己的生物资源拥有主权权利”。

生物种质和实验材料资源成为全球科技竞争的重要阵地之一。生物种质和实验材料广泛应用于科研各领域，在科技创新中发挥着引领和先导作用。随世界环境变化日趋复杂，生物种质和实验材料资源更受到各国的重视，资源保护和开发利用已成为综合国力竞争的一个重要标志。世界主要发达国家和新兴国家都普遍重视生物种质和实验材料资源的收集、保存和开发利用，部署并长期开展了大量工作。同时，在全球化的经济体系中，一些发达国家正在利用其领先的科技实力优势实施一种新形式的资源掠夺，通过各种手段获取发展中国家的资源，并在全球推行知识产权制度， 限制发展中国家对资源的开发和研究成果的利用。近年来，我国生物种质和实验材料资源的安全与发展同样受到威胁，在经济、科技等对外开放活动中，已有大量生物种质和实验材料以各种形式流失。

## 2 国家重视资源发展，注重法制化建设

国家高度重视资源建设。新中国成立以来，通过科技基础性工作专项、科技支撑计划等支持了生物种质和实验材料的采集和研制工作，“十三五”规划纲要也强调要开展植物种质资源调查、植物多样性调查，开展植物资源的采集、分离、保存、鉴定、数字化表达、分子识别等基础性工作及相关的共性技术研究。据统计，2006 年以来，科技基础性工作专项共在生物种质资源、人类遗传资源、标本资源调查采集及标准物质研制等方面支持了 86 个项目，金额合计 6.9 亿元，占总项目数和经费数的 1/3。“十一五”以来，国家科技支撑计划每年列出专项支持实验动物、科研试剂研发工作的经费约为 3 亿元。国家“863”计划、“973”计划、国家科技重大专项中也设立了一些项目支持科研材料资源的研究。农业部、卫生部、国家质检总局、国家林业局、国家海洋局等部门通过行业专项资金支持了生物种质和实验材料的研制和采集工作。

2003 年，为加强科技创新基础能力建设，推动我国科技资源的整合共享与高效利用，改变我国科技基础条件建设多头管理、分散投入的状况，减少科技资源低水平重复和浪费，打破科技资源条块分割、部门封闭、信息滞留和数据垄断的格局，科技部、财政部贯彻“整合、共享、完善、提高”的方针，组织开展了国家科技基础条件共享服务平台（以下简称“科技共享服务平台”）建设工作。先后建成了 28 个科技共享服务平台。初步建成了以研究实验基地和大型科学仪器设备、自然科技资源、科学数据、科技文献为基本框架的国家科技基础条件共享服务平台建设体系；同时，各地方结合本地科技经济发展的具体需求和自身优势，因地制宜地建成了一批各具特色的地方科技共享服务平台。基于信息网络技术的科技资源共享体系初步形成，科技资源开放共享的理念得到广泛认同，科技资源得到有效配置，通过系统优化使资源利用率大大提高。

我国资源管理逐步实现法制化。作为《生物多样性公约》的缔约国之一，我国积极响应公约的战略部署，先后通过了《中国植物保护战略》《中国生物多样性保护战略与行动计划（2011—2030年）》，作为我国植物保护的行动纲领。推进生物遗传资源及相关传统知识惠益共享，并于2016年正式加入《名古屋遗传资源议定书》，标志着我国生物产业进入惠益共享时代，生物遗传资源日趋规范化。法律体系建设方面，2007年修订的《科学技术进步法》从政府和科技资源管理单位的权利、义务和责任等多个方面对科技资源建设和共享利用做出了明确规定。在生物种质资源领域，《野生动物保护法》《种子法》《计量法》等法律法规进一步规范和完善了生物种质资源的管理与利用工作；各部门围绕科技平台建设和科技资源管理与利用，制定了相关管理规范，包括农业部制定的《农作物种质资源管理办法》等，环保部发布的《野生植物保护条例》，以及《生物遗传资源经济价值评价技术规范》《植物新品种保护条例实施细则》等。在实验动物领域，1988年我国颁布了第1部行政法规《实验动物管理条例》，此后科技部相继出台了《实验动物质量管理办法》《实验动物种子中心管理办法》《实验动物许可证管理办法（试行）》《善待实验动物的指导性意见》等多项政策办法，建立了全国统一的实验动物许可证管理制度。

## 3 资源保藏种类丰富，建成一批国际先进水平的保藏机构

我国目前收集保藏并研制了相当规模的生物种质和实验材料资源。其中，保藏农作物种质资源2617种、林木种质资源2256种、野生植物种质资源9484种、活体畜禽动物723种、水产动物种质资源活体1763种、微生物菌种206 795株、各类标本3300万份；保藏实验细胞4760株系，有证标准物质9034种，研制国产科研用试剂6000种，均居世界前列。2008年，科技部、财政部正式启动科技资源调查工作，截至2016年年底，

被调查的3600家高等学校、科研院所及企业所属科研机构的470余家生物种质保藏机构共提交资源数据近130万条。其中植物种质保藏机构316家，资源数量达到154万份；动物种质保藏机构96家；微生物保藏机构90家，资源总量达到50万株。这些调查数据，为摸清生物种质资源家底、加强资源管理提供了重要的决策支持。

近年来，为了促进生物资源的保藏，我国不断加大生物种质和实验材料资源保藏机构的建设力度，取得了重要的成就。建成国家级农作物种质长期库1座，复份库1座，中期库10座，种质圃32个，林木种质资源保存库10个；水产动物原种场31个，畜禽动物基因库2个，保种场50个；国家级微生物菌种保藏中心9个。此外，还有收藏量50万以上的标本馆13个，以及一些实验细胞保藏中心。

## 4 取得多项突破性成果，对国际科技发展和人类社会做出重要贡献

新中国成立以来，我国生物种质和实验材料资源建设取得了诸多突破性成果，对国际科技发展和人类社会做出了突出贡献。

### 发现抗疟药物青蒿素获得诺贝尔生理学或医学奖

青蒿素是从中药黄花蒿中提取的一种抗疟成分，具有抗白血病和免疫调节功能。20世纪60年代初，全球疟疾疫情难以控制。我国于1967年5月23日启动了集中全国科技力量联合研发抗疟新药的项目。科研人员通过整理中医典籍，寻找可能抗疟的中草药。1972年3月，来自中医研究院的屠呦呦报告了青蒿汁结晶的抗疟实验结果，1973年，青蒿结晶的抗疟功效在云南地区得到证实。这一发现挽救了全球特别是发展中国家数百万人的生命。并于2011年9月获得被誉为诺贝尔奖“风向标”的拉斯克临床医学奖，这是当时中国生物医学界获得的最高级世界大奖。2015年，该贡献获得诺贝尔生理学或医学奖。

### 研制抗虫棉

转基因单价抗虫棉是将一种细菌来源的、可专门破坏棉铃虫消化道的 Bt 杀虫蛋白基因经过改造，转到了棉花中，使棉花细胞中存在这种杀虫蛋白质，专门破坏棉铃虫等鳞翅目害虫的消化系统，导致其死亡，而对人畜无害的一种抗虫棉花。1991 年，国家“863”计划正式启动了棉花抗虫基因工程的育种研究。2001 年，核心技术专利被国际知识产权组织及国家知识产权局授予发明专利金奖。这标志着我国成为继美国之后，世界上第 2 个独立自主成功研制抗虫棉的国家。

同时，中国农科院生物技术研究所与邯郸农业科学院科研团队联合攻关，采取基因工程、遗传转育、基因聚合、免疫试纸和分子标记相结合的技术集成及优势互补策略，创造出了陆地棉细胞质雄性不育的转抗虫基因的保持系、不育系和强恢复系；首次在国际上创建了“三系抗虫棉分子育种技术新体系”，有效地克服了国内外其他三系杂交棉无抗虫性、不育性不稳、恢复力不强、杂种产量优势缺乏而不能应用于规模生产的世界性难题。2005 年 3 月，“银棉 2 号”通过国家审定，成为我国第 1 个通过国家审定并应用于生产的优质、高产转抗虫基因三系杂交棉品种，标志着我国抗虫三系杂交棉育种技术体系已经成熟，意味着中国将成为世界上第 1 个大规模应用抗虫三系杂交棉的国家。

### 育成超级水稻

1973 年，我国首次在世界上育成籼型杂交水稻。2014 年，又实现了超级稻百亩片过 1000 千克的目标，创造了世界纪录。同年，“Y 两优 900”在全国 13 个省（自治区、直辖市）的 30 个示范片开展高产示范攻关，在较为不利的气候下仍获得丰收。

在世界范围内，20% 的水稻采用袁隆平的杂交技术。其杂交水稻已经在中亚、东南亚、北美、南美试验试种，引起世界范围的关注并得到广泛应用，继续为解决世界粮食安全及短缺问题做出卓绝贡献。

## 完成水稻全基因组测序

2002年12月，中国科学院、科学技术部、国家发展计划委员会（今国家发展和改革委员会）和国家自然科学基金会宣布中国水稻（籼稻）基因组“精细图”完成。这是全世界第1张农作物的基因组精细图谱，为阐明水稻基本生物学性状的遗传基础、提高水稻的产量和品质提供了可能。籼稻基因组“精细图”的完成是基因组研究史上的重要里程碑，将有助于为全人类的食物安全提供保障。

撰稿专家：卢凡、刘斌、程苹、汤高飞、张鹏、赫运涛、徐萍、陈方、刘柳、马俊才、吴林寰

# 第 2 章

# 我国生物种质资源建设与利用情况

生物种质资源是由于人类活动而生成和发展的生物多样性的核心组成部分，是具有实际利用和潜在发展价值且可再生的生物资源。生物种质资源与人类生存和发展密切相关，是人类繁衍和发展最根本的物质基础，也是人类社会可持续发展所依赖的重要战略资源，主要包括植物种质、动物种质、微生物种质、标本、人类遗传等资源。中国是世界生物种质资源丰富的国家之一，无论是种类和数量都居世界前列。

中国是世界上人口最多的发展中国家，预计 2030 年中国人口峰值将达到 15 亿，为确保人口达到峰值时的环境和生活质量，同时确保国民经济和社会的持续稳定发展，国家对生物种质资源的保藏工作越来越重视，我国建成了一批国际优势保藏机构，资源保障能力大幅提升。根据资源调查统计，全国共建有 316 个植物种质资源保藏机构、96 个动物种质资源保藏机构、90 个微生物菌种资源保藏机构、139 个标本保藏机构，并在国家层面建立了国家农作物种质资源、国家林木种质资源、国家重要野生植物种质资源、国家畜禽动物种质资源、国家水产种质资源、国家寄生虫种质资源、国家微生物资源、国家标本资源和中国人类遗传资源共享服务平台。这些资源保藏库（馆）收集、保藏了我国重要、珍稀的生物种质资源。目前收集、保藏了相当规模的生物种质资源，其中，保藏植物种质资源 154 万份，微生物菌种 50 万株，各类标本 3300 万份，一些重要资源积累效果初步显现。

# 1 植物种质资源

## 1.1 植物种质资源保藏情况

### 1.1.1 植物种质资源

植物种质资源是指来自植物的、具有实际或潜在价值的、含有遗传功能单位的遗传材料。植物种质资源是植物育种、遗传理论研究、生物技术研究和农业生产的重要物质基础，与人类的生存和发展密切相关。植物种质资源主要包括农作物种质资源、林木（含竹藤花卉）种质资源等，其保藏形式有 DNA、细胞、组织、根、茎、叶、芽、花、种子、果实和植株等。

### 1.1.2 植物种质资源国际保藏情况

20 世纪 20 年代，自幼生活在粮食短缺状况下的苏联著名遗传学和植物学家尼可莱·瓦维洛夫（Nikolay Vavilov，1887—1943 年）意识到作物野生近缘种在农业发展中的重要性，开始在全球范围内考察并搜集各种不同的农作物种子，建起了世界上第 1 座种质库，拉开了通过种质库抢救性保护种质资源的序幕。随着经济的发展和科技的进步，世界各国逐渐认识到种质资源保护对于人类社会可持续发展的重要作用。基于种子体积小、会休眠、易保藏等特点，各国纷纷建立不同类型的种质库，抢救性地对本国或其他国家的种质资源进行收集和保存，并在这一领域展开了激烈竞争。目前，全世界已建成种质库 1750 座，共保存了 740 多万份种质资源，其中包括大量的珍稀濒危植物、地区特有植物、重要经济植物、重要农作物和重要农作物野生近缘种的种子。这些种质库减缓了植物灭绝的脚步，为人类未来的可持续发展赢得了机会。目前，种质库在五大洲均有分布，其中最著名的有俄罗斯瓦维洛夫种质库、美国国家遗传资源保存中心、中国农作

物种质资源库、英国千年种质库、中国西南野生生物种质资源库和挪威斯瓦尔巴德全球种质库。

（1）俄罗斯瓦维洛夫种质库（Vavilov Seed Bank）

苏联著名的遗传学和植物学家尼可莱·瓦维洛夫踏遍了世界五大洲，搜集了许多农作物的野生近缘种及一些不知名的可食用植物种子，最终在列宁格勒（今圣彼得堡）建立起了世界上第1个种质库。列宁格勒曾经历过第二次世界大战炮火的洗礼，而列宁格勒保卫战是近代历史上攻击时间最长、破坏性最强、死亡人数第二多的保卫战，幸运的是瓦维洛夫所建的种质库在这次战争中幸免于难。在此期间，数名植物学家宁愿饿死，也没有舍得吃库里保存的作物种子，使其中的种子能够幸存至今。目前该库已保存了世界上304科2539个品种37万份作物及其野生近缘种的种子。

（2）美国国家遗传资源保存中心（National Center for Genetic Resources Preservation，NCGRP）

该中心建于1958年，位于美国科罗拉多州科林斯堡市，其目标是保障美国的生物多样性安全,促进美国农业经济的可持续发展。截至2010年，美国国家遗传资源保存中心已成功保存了动植物和微生物资源51万多份，其中82%为种子，8%为离体或组织培养材料。美国国家遗传资源保存中心以其保存丰富的动物、植物和微生物资源而闻名于世。

（3）英国千年种质库（The Millennium Seed Bank，MSB）

建于1974年，隶属于英国皇家植物园邱园（Royal Botanic Gardens，Kew），是世界上最早从事野生植物种质资源保存的机构。1997年进行扩建并定名为“千年种质库”。千年种质库是集种子的收集、处理、保存、研究、培训、展示、国际交流于一体的综合性大型种质库。它坐落于伦敦附近的西萨克斯郡，建设总投资8000万英镑，已于2009年完成了一期目标，即收集和保存英国本土自然生长的全部1440种植物种子；并保存全球10%的有花植物种子，即2.42万种植物种子，成为国际上最大的野生植物种质库。其二期目标将在2020年前收集和保存全球25%的野生植物种子。截至2016年12月，千年种质库已与187个国家和地区的合作伙伴共同保存了 37 399 种 80 428 份野生植物的种子。

（4）挪威斯瓦尔巴德全球种质库（Svalbard Global Seed Vault）

该库建成于 2008 年 2 月，位于距离北极点约 1300 km 的斯瓦尔巴德群岛的斯匹次卑尔根岛上，藏于常年被冰雪覆盖的一座山体之内。其占地面积约 1000 $m^2$，包括约 100 m 长的坚固隧道和 3 个贮藏室，每个储藏室能够存储 150 万份种子样品，而每个样品保存约 500 粒种子。它最初由挪威政府建造，后得到联合国粮农署的支持，被称为全球农业的“挪亚方舟”。其目的是为全球 1750 多个种质库和相关贮存机构的农作物种子提供备份保存，防止这些种质库因战争、自然灾害等原因而导致其保存的种子资源意外丧失，以应对未来的粮食危机。截至 2015 年年初，斯瓦尔巴德全球种质库已保存了来自美国、墨西哥、加拿大、菲律宾、肯尼亚等 100 多个国家的小麦、玉米等农作物种子 4000 种、84 万份。

### 1.1.3 植物种质资源国内保藏情况

中国的生物科学家开展植物种质资源研究始于 20 世纪第一个 10 年，从采集植物标本做起。在农业方面，20 世纪 30 年代分别开展了野生稻考察和小麦资源的分类整理；20 世纪 50 年代开始，中央和地方各生物研究所和大专院校在全国范围内开展了植物普查工作；改革开放后，中国生物种质资源进入了以保存为主的工作体系建设阶段，植物方面各种作物志的编写是其重要内容，目前这些资料仍继续以较快速度编辑出版。在政府的重视下，近年来各行业和领域的生物种质资源保护工作取得了较大进步。

根据《中国植物志》统计，中国有高等植物（包括苔藓植物、蕨类植物、裸子植物、被子植物）34 000 余种。根据资源调查统计，我国植物种质资源保藏数量达到 154 万份。按不同分类等级统计，农作物、林木、野生植物种质资源保藏数量分别为 2617 种、2256 种、9484 种（表 2-1）。

表 2–1 我国植物种质资源保藏数量统计

| | 农作物 | 林木 | 野生植物 |
|---|---|---|---|
| 科 | 78 | 204 | 229 |
| 属 | 256 | 866 | 1940 |
| 种 | 2617 | 2256 | 9484 |

### 1.1.4 植物种质资源国内外情况对比

国际上植物种质资源较为丰富的国家和地区主要是美国、印度、俄罗斯、日本、巴西和欧洲。从资源保存量来看，传统资源强国实力雄厚，新兴国家潜力巨大。美国居首位，我国资源总量居世界第二，印度为后起之秀，资源数量增长迅速；俄罗斯是资源传统强国，很早就开始收集和保存来自各国的资源；巴西是生物多样性较为丰富的国家之一，资源潜力十分巨大。

从资源结构来看，美国收集的国外资源占 72%，本土资源占 28%；俄罗斯、日本、韩国也多以国外资源为主。而我国正好相反，以本土资源为主，占 82%，国外资源仅占 18%；同样，巴西也以本国资源为主。

从资源增长情况来看，由于各国资源保护意识的提高，国外资源收集难度越来越大，各国纷纷加紧资源的收集和保藏。

从共享利用与服务来看，中国、美国、欧洲、日本等国家和地区都建立了比较完善的资源共享利用服务体系。尤其是美国和欧洲，对资源进行了完善的信息整合，建立了发达的信息共享服务系统；同时，实物资源实行完全开放共享，共享利用门槛极低。

欧洲多数国家加入了联合国粮食与农业组织（Food and Agriculture Organization，FAO）的《粮食与农业植物遗传资源国际条约》（The International Treaty on Plant Genetic Resources for Food and Agriculture，ITPGRFA），充分保障了资源的国际共享、交流，美国虽未批准加入该条约，但其共享是完全开放的，可向全球提供共享服务。我国出于对本土资源保护的目的，尚未加入该条约。

## 1.2 国内植物种质资源库建设情况

### 1.2.1 总体情况

截至 2015 年，全国共有 316 个植物种质资源保藏机构，其中 110 个保藏机构隶属于中央级单位，206 个保藏机构隶属于地方单位。隶属于中央级单位的 110 个保藏机构中，有 43 个隶属于农业部、37 个隶属于国家林业局、13 个隶属于教育部、12 个隶属于中国科学院、4 个隶属于卫生部、1 个隶属于国家海洋局（图 2–1）。

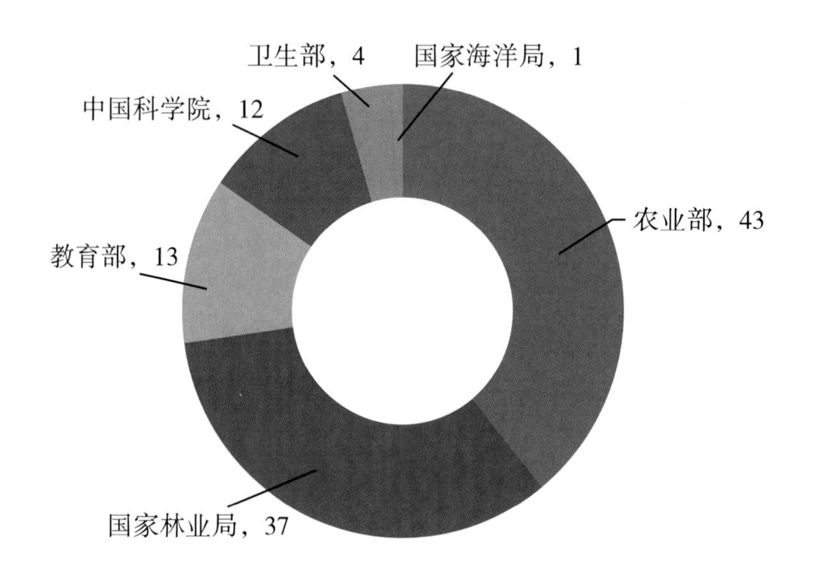


图 2–1 植物种质资源中央级保藏机构分布情况（单位：个）

资源保藏量居前的 8 家重要机构（表 2–2），所保藏植物种质资源总量达 1 061 088 份，占全国资源总量的 69.69%。

表 2–2 8 家植物种质资源机构情况

| 序号 | 保藏机构名称 | 依托单位 | 上级主管部门 | 保藏植物资源总数 / 份 | 保藏资源占资源调查总数比 | 单位所在省市 |
|---|---|---|---|---|---|---|
| 1 | 国家作物种质库 | 中国农业科学院作物科学研究所 | 农业部 | 404 690 | 26.28% | 北京 |

续表

| 序号 | 保藏机构名称 | 依托单位 | 上级主管部门 | 保藏植物资源总数 / 份 | 保藏资源占资源调查总数比 | 单位所在省市 |
|---|---|---|---|---|---|---|
| 2 | 国家农作物种质保存中心 | 中国农业科学院作物科学研究所 | 农业部 | 207 251 | 13.46% | 北京 |
| 3 | 上海市农业生物基因中心基因资源库 | 上海市农业生物基因中心 | 上海市 | 141 000 | 9.16% | 上海 |
| 4 | 中国西南野生生物种质资源库 | 中国科学院昆明植物研究所 | 中国科学院 | 122 689 | 8.74% | 云南 |
| 5 | 国家水稻中期库 | 中国农业科学院中国水稻研究所 | 农业部 | 78 168 | 5.08% | 浙江 |
| 6 | 山西省种质库 | 山西省农业科学院农作物品种资源研究所 | 山西省 | 42 330 | 2.75% | 山西 |
| 7 | 国家蔬菜种质资源中期库 | 中国农业科学院蔬菜花卉研究所 | 北京市 | 32 743 | 2.13% | 北京 |
| 8 | 国家油料作物种质中期库 | 中国农业科学院油料作物研究所 | 农业部 | 32 217 | 2.09% | 湖北 |
| 合计 | | | | 1 061 088 | 69.69% | |

### 1.2.2 重要库馆介绍

（1）国家作物种质库

国家作物种质库是在美国洛克菲勒基金会和国际植物遗传资源委员会的部分资助下，于 1986 年 10 月在中国农业科学院原作物品种资源研究所（现作物科学研究所）建成，是我国作物种质资源长期保存与研究的中心，为我国作物育种提供物质保障，为农业重大基础理论研究和突破性新品种培育提供物质支撑，为农业科技原始创新奠定基础。

截至 2015 年年底，该库已长期安全保存包括水稻、小麦、玉米、大豆、棉花、蔬菜等作物在内的 220 多种作物（含野生近缘植物）共 404 690 份种质资源（表 2–3）。近年来，每年向社会提供作物种质资源信息共享 30 万人次，种质资源实物共享利用 5 万份次。

国家发展和改革委员会已于2015年正式批复国家作物种质库新库建设项目，新库建成后保存能力可达150万份，将满足我国未来50年作物种质资源长期保存、研究和共享利用的需要。

表 2–3 国家作物种质库保存种质资源情况统计

| 作物名称 | 保存份数 | 作物名称 | 保存份数 |
|---|---|---|---|
| 水稻 | 75 906 | 利马豆 | 33 |
| 水稻特遗 | 125 | 扁豆 | 40 |
| 野生稻 | 6497 | 黎豆 | 44 |
| 小麦 | 46 730 | 四棱豆 | 37 |
| 小麦特遗 | 2351 | 羽扇豆 | 5 |
| 玉米 | 26 458 | 山黧豆 | 45 |
| 大豆 | 27 204 | 棉花 | 8757 |
| 野生大豆 | 8019 | 亚麻 | 4856 |
| 大麦 | 20 656 | 青麻 | 103 |
| 燕麦 | 4483 | 大麻 | 319 |
| 高粱 | 20 530 | 红麻 | 1434 |
| 谷子 | 27 706 | 黄麻 | 1205 |
| 黍稷 | 9404 | 花生 | 7472 |
| 稗子 | 732 | 油菜 | 7456 |
| 荞麦 | 2723 | 芝麻 | 6048 |
| 豇豆 | 3103 | 苏子 | 471 |
| 豌豆 | 5168 | 红花 | 3065 |
| 绿豆 | 6121 | 向日葵 | 2739 |
| 红小豆 | 4757 | 蓖麻 | 2648 |
| 饭豆 | 1609 | 烟草 | 3667 |
| 小扁豆 | 1046 | 甜菜 | 1662 |
| 木豆 | 138 | 绿肥 | 663 |
| 普通菜豆 | 5409 | 牧草 | 4508 |
| 多花菜豆 | 209 | 籽粒苋 | 1459 |
| 蚕豆 | 5399 | 西瓜 | 1182 |
| 鹰嘴豆 | 956 | 甜瓜 | 1097 |
| 刀豆 | 13 | 蔬菜 | 30 223 |
| 合计 | 404 690 | | |

注：截至2015年12月底。

（2）国家农作物种质保存中心

国家农作物种质保存中心是由农业部于1999年3月立项批准建设，总投资2600万元，于2000年12月开工，2002年11月落成投入使用。总建筑面积3500 $m^2$，由种质保存区、前处理加工区和研究试验区3部分组成。保存区建设面积1700 $m^2$，包括17间冷库，其中5间为长期库，使用面积合计293 $m^2$，9间为中期库，使用面积合计568 $m^2$，3间临时库（每间使用面积36 $m^2$）。

自国家农作物种质保存中心投入使用后，至今已中期保存了水稻、小麦、玉米、大豆、食用豆等12种（类）粮食作物207 251份，每年向全国1600多个单位分发提供了近万份种质材料。因此，进一步加强国家农作物种质保存中心的建设，对于提高我国种质分发能力，促进我国作物种质资源有效利用具有重要现实意义。

（3）国家水稻种质中期库

我国是水稻种植历史悠久的国家之一，1981年国务院批准在中国水稻研究所建设国家水稻种质中期库，负责全国水稻种质资源的收集、整理、中期保存、特性鉴定、繁殖更新、交流和分发利用等各项工作。建库以来，已通过多种方式广泛收集、保存各类稻种资源78 168份。每年为30多个科研院所提供种质1500份次以上，至今已累计为国内外各研究机构和个人提供种质资源7.5万余份次。

（4）国家油料作物种质中期库

国家油料作物种质中期库是全国油菜、花生、芝麻、大豆（南方）、特油（蓖麻、向日葵、红花和苏子）等种质资源的中期保存、研究和分发中心，保存上述油料作物种质资源3万余份。属国家公益性和基础性研究共享平台，主管部门为农业部。主要任务包括油料作物种质考察、收集和引进，安全保存与分发利用，整理和编目入库，鉴定评价、繁殖更新和繁殖理论与技术研究，种质创新与利用，监测管理，以及信息共享数据库系统的建设与应用。以建设世界一流的油料作物基因资源保存和研究中心为最终目标。

国家油料作物种质中期库建筑面积175 $m^2$，由种子整理工作间、种质资源挂藏室、低温中期种质库和常温短期工作库组成。低温中期种质库用于中长期保存油料作物种质资源基础收集品，控制温度 0 ~ 4℃，湿度< 45%，可保存种质容量约为 3.5 万份。

常温短期工作库用于保存提供开放共享利用和评价鉴定用种子样品，分为油菜、花生、芝麻、大豆和特油 5 个工作库，主要用干燥器通过超干燥保存方式保存各种油料作物种质资源。

（5）中国西南野生生物种质资源库

中国西南野生生物种质资源库是国家发展和改革委员会批复的国家重大科学工程，依托中国科学院昆明植物研究所建设和运行，项目总投资 1.48 亿元，建设内容包括种子库、植物离体库、DNA 库、微生物库（依托云南大学共建）和动物种质资源库（依托中国科学院昆明动物研究所共建），以及植物基因组学和种子生物学实验研究平台。项目 2009 年 11 月通过国家验收，至今已建成有效保存野生植物种子、植物离体材料、DNA、微生物菌株、动物种质资源的先进设施；建立了种质资源数据库和信息共享管理系统；建成集功能基因检测、克隆和验证为一体的技术体系和科研平台；具备强大的野生种质资源保藏与研究能力，保藏能力达到国际领先水平。截至 2015 年 12 月，已保藏野生植物种质资源 122 689 份，其中，种子 67 869 份，植物离体材料 16 700 份，DNA 样品 38 120 份。67 869 份野生植物种子中，已鉴定 210 科，1902 属，9129 种，种数占全国总量的 30%。

（6）国家林木种质资源设施保存库（筹）

我国自 20 世纪 90 年代起开展林木种质资源收集保存工作，林木种质资源的重要特点是种类繁多、分布广泛且非常分散，生长缓慢、生命周期漫长、结实晚、采种困难，绝大多数资源以活体种植保存，占地面积大、栽培管护复杂、成本高昂，导致林木种质资源的收集、保存十分困难。目前主要以建立种质资源保存林进行就地、迁地保存为主，国家设施保存库正在规划建设之中。

根据《全国林木种质资源调查收集与保存利用规划（2014—2025 年）》，我国计划建设 1 座设施保存主库、6 座分库，构建我国林木种质资源设施保

存体系。其中，山东分库已完成设备安装，新疆分库已开始建设，北京主库正在办理相关审批手续。林木种质资源设施保存主库项目将建设一座设施先进、功能完善，兼顾种质资源长期保存、科学研究、科普展示与共享利用，能够容纳100万份林木种质资源的保存库，使其成为国际一流的林木种质资源保存中心、研究中心、科普展示与培训中心和资源信息共享中心。

### 1.2.3 植物种质资源共享服务平台建设与服务情况

（1）国家农作物种质资源共享服务平台

国家农作物种质资源共享服务平台自2003年启动建设，2011年通过科技部、财政部考核和认定，是首批通过认定的国家科技基础条件平台之一。该平台目标是建成国际一流的农作物种质资源保存和服务中心、国际种质资源合作和交流中心、全国农作物种质资源体系高层次种质资源人才培养和科普教育基地中的龙头，为保障我国粮食安全、生态安全和农业可持续发展做出更大的贡献。平台主要由1个国家长期种质库、1个青海国家复份种质库、10个国家中期种质库、23个省级中期库和43个国家种质圃等共78个库圃组成。长期安全保存粮食作物、纤维作物、油料作物、蔬菜、果树、糖烟茶桑、牧草绿肥等350多种作物、44.1万份种质（不计重复）。平台已建立起完善的农作物种质资源制度体系、组织管理体系、技术标准体系、鉴定评价体系、质量控制体系、保存技术体系和共享服务体系。实现了农作物种质资源收集、整理、保存、评价、共享和利用全过程的规范化和数字化，为作物育种、科学研究和农业生产提供了更加优良、标准化、高质量的种质信息和实物，提高了农作物种质资源的利用效率和效益。

平台按照“以用为主、重在服务”的原则，强化服务工作，重点瞄准我国粮食安全、生态安全、人类健康、农民增收、国际竞争力提高5个服务方向，主要面向现代种业发展、科技创新、大众创业万众创新和农业可持续发展4个服务重点，不断完善平台制度机制体系、组织管理体系、技术标准体系、安全保存体系、资源汇交体系、质量控制体系、人才队伍和评价体系7个服务体系；重点加强种质库圃安全、种质信息网络、人才队伍、信息和实物数量4种服务能力；加强资源收集引进，强化资源深度挖掘，转变常规服务为跟踪服务、被动服务为主动服务、一般服务为专题服务、科研教学单位服务为科研教学单位和企业服务并重，创新了日常性服务、展示性服务、针对性服务、需求性服务、引导性服务、跟踪性服务 6 种服务模式；重点扩大服务范围，增加服务数量，提高服务质量和效率，提升服务对象满意度和服务效益。

“十二五”期间向全国科研院所、大专院校、企业、政府部门、生产单位和社会公众提供了农作物种质资源实物共享和信息共享服务，服务用户单位 14 982 个次，服务用户 45 559 人次，服务于平台参建单位以外的用户数占总服务用户数的 79.84%。向全国提供了 53.06 万份次的农作物种质资源实物，向 273.98 万多人次提供了农作物种质资源信息共享服务，提供在线资源数据下载和离线数据共享 785GB。为国家千亿斤粮食工程、种子工程、“渤海粮仓”、转基因重大专项等 30 多个重大工程和科技重大专项，2000 多个各级各类科技计划（项目 / 课题）及 2070 家国内企业提供了资源和技术支撑。

开展了“面向东北粮食主产区的联合专题服务”“玉米种质资源高效利用联合专题服务”等联合专题服务，同时开展了以面向种子企业的定向服务、作物种质资源推广展示服务和作物种质资源针对性服务为重点的专题服务，累计开展专题服务 610 余次，取得了显著成效和巨大的社会影响。支撑了 37 项国家级科技奖励，147 项省部级科技奖励，700 多个作物新品种审定和植物新品种权。

（2）国家林木种质资源共享服务平台

国家林木种质资源共享服务平台自 2003 年开展平台试点建设，2011 年通过科技部、财政部共同认定，由国家林业局主管，中国林业科学研究院负责运行管理，管理办公室设在中国林业科学研究院林业研究所。共整合了全国从事林木种质资源收集、保存、研究、利用和平台网络建设的 70 多个参加单位，包括中国林业科学研究院下属 9 个研究所（中心）、国际竹藤网络中心、10 个省级林业科学研究院、5 个省级林木种苗管理站、8 所农林院校、12 个国家级自然保护区管理局、12 个市县级林业科学研究所（种苗站、推广站、繁育中心）、14 个国有林场和林木良种基地、4 个植

物园。还通过行业管理部门对224处国家级林木良种基地、99处林木良种基地、全国林木种质资源普查数据进行了整合，范围包括科研、管理、教学、生产等机构。截至2015年年底，国家林木种质资源平台标准化整理的资源共204科、866属、2256种（表2–4），基本涵盖用材树种、经济树种、生态树种、珍稀濒危树种、木本花卉、竹、藤等林木种类。各类资源总量达8.2万份，以迁地保存为主，保存林（圃）面积超过10 000亩[①]。

表2–4 国家林木种质资源平台各机构保存林木种质资源统计

| 科名 | 份数 | 科名 | 份数 | 科名 | 份数 |
|---|---|---|---|---|---|
| 松科 | 21 096 | 银杏科 | 978 | 槭树科 | 253 |
| 杨柳科 | 5949 | 马鞭草科 | 948 | 蓼科 | 248 |
| 蔷薇科 | 5867 | 兰科 | 864 | 胡颓子科 | 244 |
| 桃金娘科 | 4897 | 豆科 | 849 | 木麻黄科 | 243 |
| 杉科 | 4480 | 楝科 | 813 | 藜科 | 233 |
| 樟科 | 2113 | 金缕梅科 | 778 | 苦木科 | 212 |
| 山茶科 | 2048 | 杜鹃花科 | 615 | 桑科 | 201 |
| 桦木科 | 2010 | 胡桃科 | 591 | 唇形科 | 197 |
| 蝶形花科 | 1858 | 菊科 | 576 | 柿科 | 190 |
| 壳斗科 | 1685 | 玄参科 | 476 | 忍冬科 | 186 |
| 禾本科 | 1610 | 百合科 | 424 | 山茱萸科 | 176 |
| 柏科 | 1419 | 芸香科 | 379 | 省藤亚科 | 170 |
| 茄科 | 1415 | 红豆杉科 | 367 | 漆树科 | 169 |
| 木樨科 | 1410 | 无患子科 | 349 | 莎草科 | 152 |
| 芍药科 | 1251 | 含羞草科 | 338 | 大风子科 | 133 |
| 鼠李科 | 1199 | 苏木科 | 311 | 杜英科 | 124 |
| 榆科 | 1147 | 紫葳科 | 290 | 蒺藜科 | 112 |
| 大戟科 | 1103 | 茜草科 | 286 | 十字花科 | 111 |
| 木兰科 | 1091 | 毛茛科 | 263 | 木通科 | 105 |
| 杜仲科 | 986 | 藤黄科 | 259 | 其他（小于100份的科） | 3297 |
| 合计：82 144份 | | | | | |

注：截至2015年12月底。

① 1亩 = 666.67 m²，下同。

平台根据科技部“以用为主，开放共享”的原则，已由早期的单纯收集保存转型为保护、保存、评价和利用相结合的综合发展模式。自2011年开展服务以来，平台面向社会开放全部整合资源，提供资源检索、查询、获取、技术支撑及后期跟踪服务，共向1400余个重点单位的3000余人次用户提供服务，提供种质资源服务4.0万份次，提供优异种质扩繁的苗木、穗条1600余万株（穗/条），用于推广和造林的应用。开展技术咨询、技术推广、技术服务共2000余次，技术培训3万余人次，得到了广大用户的良好评价。该平台支撑各类国家与地方科研、建设项目500余项，共获得科技奖励45项，专利50项，技术标准100余项，林木新品种、良种300余个，研究论文1000余篇，该平台科技支撑效果显著、社会影响不断扩大。

除提供常规的种质资源和技术服务外，国家林木种质资源共享服务平台组织开展了300余项专题服务，针对种苗企业技术创新和产业转型升级、革命老区林业精准扶贫和社会经济发展、北京上海等大型城市生态环境改善与绿化美化、国家重大工程南水北调水源地生态环境建设、国家重大科研项目、国家行业发展规划与重要政策、国际合作与国际公约等领域的国家重大需求开展专门服务。服务案例包括中喜生态、名品彩叶、苏北花卉等大型上市企业的资源收集与新品种研发，湖北省红安县乡土树种枫香观赏品种，省沽油食用品种开发与精准扶贫，上海市困难立地植被重建，全国油茶和核桃遗传资源调查编目，西南及武陵山区特色经济树种种质资源利用等系列专题服务。此外，平台还进行了全国林木种质资源普查、全国林木种质资源收集保存与开发利用规划、国际林木遗传资源培训中心等跨平台联合专题服务，取得了显著成果。

该平台通过积极探索与创新，实现产、学、研、政各方的顺利对接，推动科研成果的转化。平台以提供实物种质共享服务为核心，积极拓展与实物资源配套的延伸服务，在信息、技术和人才多方面为用户提供支撑，从产业链各环节提供全方位服务。充分利用专家库智慧优势，发挥决策者智库作用；利用技术优势，助力企业和科研机构开展原创育种，提升创新能力，把平台的资源优势转化为企业的知识产权优势。目前已在杨树、

柳树、落叶松、杉木、马尾松、桉树、国外松、樟树、白蜡、鹅掌楸、玉兰、油茶、核桃、红枣、枸杞、杜鹃、茶花、牡丹、月季等林木和花卉方面取得了可喜成绩。

该平台紧跟国家重大需求，不断创新服务模式，深化对企业、科研和管理部门的服务与支撑，特别是对林木种质资源设施保存国家主库建设的支撑服务，使平台的资源共享与支撑服务迈向更高的台阶。

（3）国家重要野生植物种质资源平台

国家重要野生植物种质资源共享服务平台自2005年开始建立，2016年通过科技部、财政部共同认定，由中国科学院昆明植物研究所牵头，联合了中国科学院植物研究所、中国科学院西双版纳热带植物园、塔里木大学、海南大学、云南大学等15家单位，致力于野生植物种质资源的收集保存和分发利用，形成了以中国科学院重大基础设施——中国野生生物种质资源库为核心的重要野生植物种质资源收集保存共享服务平台。该平台以中国科学院昆明植物研究所、中国科学院植物研究所（北京）、中国科学院武汉植物园、中国科学院华南植物园、中国科学院西双版纳热带植物园5个国内专业植物保护和研究的机构为主体，将建立标准化开放的机制，容纳更多的野生植物资源相关机构参与共享和服务。

该平台是现有栽培植物、家养及人工培养生物的资源宝库，是培育动植物新品种的物质基础。这些资源一旦消失，将不可逆转，并将极大影响生态文明建设和社会经济的可持续发展。因此，通过野生生物种质资源保藏体系的建立，抢救性地保护生物多样性，对于维持生态平衡和应对全球气候变化具有重大现实意义。自2005年开始，平台为62个国内外研究机构、大学和部门提供了11 291份野生植物种子和活体材料；研制的保藏技术标准规范应用于约80个自然保护区、大学和科研机构，培训了16 750名技术人员和学生；1.22亿人次访问了该平台的网站。国家重要野生植物种质资源平台在保障我国的生物战略资源安全，为我国生物技术产业的发展和生命科学的研究提供种质资源材料及相关信息、培养人才，促进我国生物技术产业和社会经济的可持续发展，为我国切实地履行国际公约、实现生物多样性的有效保护和实施可持续发展战略奠定物质基础等方面做出了应有贡献。

## 1.3 植物种质资源支撑科技创新与经济社会发展

作物种质资源不仅为人类提供了食物的原料，还为新品种培育、现代种业发展及开展生物技术研究提供了基因来源；林木种质资源是国家的重要资产和战略资源，除生产木材、水果外，还是重要的天然医药、可再生能源及园林绿化产业的重要原料来源；野生植物资源若得到有效的保护和利用，对人类的经济、科学及文化有着重要的意义。

（1）小麦种质资源中重要育种目标性状的评价与创新利用

中国农科院作物科学研究所完成的“小麦种质资源中重要育种目标性状的评价与创新利用”项目，建立了优异种质资源精准鉴定与高效利用技术体系，并获得了新基因和新种质，解决了我国小麦育种中高产、优质、抗麦蚜等主要问题。该成果在异源新种质创制、小麦背景下 R 和 E 基因组分子检测技术等方面达到国际领先水平，荣获 2014 年国家科学技术进步奖二等奖。

（2）小麦抗病、优质多样化基因资源的发掘、创新和利用

中国农业大学系统开展了小麦多样化抗病优质基因资源鉴定、核心抗病优质基因资源创建和种质创新、抗病优质新基因发掘和分子标记辅助选择体系建立、抗病优质高产新品种选育等工作，先后构建了 265 份小麦“核心抗病优质基因资源”，创建了小麦多样化抗病优质基因资源创新和加速利用的“滚动式加代回交转育”方法。发掘出 20 个抗病优质新基因 / 等位基因，并建立了分子标记辅助选择技术体系，为我国抗病优质小麦分子育种奠定了技术和材料基础。育成 18 个高产抗病优质特用小麦新品种，取得了显著的经济、生态和社会效益，荣获 2015 年国家科学技术进步奖二等奖。

（3）特色热带作物种质资源收集评价与创新利用

广西壮族自治区亚热带作物研究所系统开展“特色热带作物种质资源收集评价与创新利用”研究，针对我国杧果、菠萝、剑麻、咖啡等 12 种特色热带作物开展了种质资源收集评价和创新利用，荣获 2012 年国家

科学技术进步奖二等奖。在种质收集方面，提出了特色热带作物种质资源保护利用新思路，构建了资源安全保存技术体系，收集保存资源5302份，占我国特色热带作物资源总量的92%。在种质评价方面，在全国首次创建了特色热带作物种质资源鉴定评价技术体系，鉴定准确率达99%；对资源进行系统鉴定评价，并提供资源信息共享22.6万人次、实物共享6.3万份次，筛选优异种质107份，为产业培育发挥了关键性作用。在种质创新利用方面，创制新种质89份，培育桂热杧120号、红铃番木瓜等系列新品种34个，首创番木瓜、剑麻等组培快繁技术，构建了与优良新品种相配套的种苗生产和栽培技术体系，并在海南、广东、广西等5省区广泛应用，累计推广1850万亩，特色热带作物良种覆盖率达90%，社会经济效益926亿元，新增社会经济效益555亿元。

（4）低纬高原地区天然药物资源野外调查与研究开发

云南省药物研究所完成的“低纬高原地区天然药物资源野外调查与研究开发”项目，系统地摸清了低纬高原地区天然药物资源现状，填补了天然药物研究空白，建立了国内领先的150种特色天然药物共享信息系统，为云南中医药资源的保护开发和创新研究创造了重要条件。该成果不仅在国内外同类研究领域居领先水平，更在行业中广泛应用，对业内科学研究和成果应用起到较强的促进、带动和示范作用。对低纬高原地区天然药物资源野外调查的深度、广度和系统性超过历届调查，对天然药物资源保护、实施国家生态资源可持续发展战略具有重大意义，荣获2012年度国家科学技术进步奖一等奖。

（5）中草药DNA条形码物种鉴定体系

中国中医科学院中药研究所与广州王老吉药业股份有限公司开发的“中草药DNA条形码物种鉴定体系”，通过应用世界顶尖的药材鉴定DNA技术，实现了对中药资源的信息检索、查询及比对鉴定，为解决中草药混用和掺假等行业问题提供了强有力的工具。该体系改变了生药鉴定学科被动追赶其他学科的局面，在鉴定学领域已处于国际学科前沿领先水平，荣获2016年国家科学技术进步奖二等奖。

撰稿专家：方沩、林富荣、杨湘云、陈彦清

# 2 动物种质资源

## 2.1 动物种质资源保藏情况

### 2.1.1 动物种质资源

动物资源包括畜禽、特种经济动物、野生动物、水产养殖动物、经济昆虫等。目前，地球上已知的动物有150万种以上，可分为20个门，其中与人类生存关系极为密切的主要类群包括高等脊椎动物（如兽类、鸟类、爬行类、两栖类和鱼类）和高等无脊椎动物（如昆虫、虾、蟹、蜘蛛等）。

21世纪初，全世界经报道的已知畜禽品种有7616种，我国的资源量占到了全球总量的1/10以上。截至2014年年底，经国家畜禽遗传资源委员会认定的畜禽资源共797个品种（配套系），包含了猪127个、牛114个、羊143个、马驴驼81个、家禽199个、特种畜禽97个、蜜蜂36个等。其中地方畜禽品种遗传资源556个品种，培育畜禽品种（或配套系）109个品种，引进畜禽品种104个品种。据估计，我国海洋中有报道的鱼类有3048种，虾、蟹类1388种，螺、贝类1923种，鲸、海豹和儒艮等哺乳动物39种。淡水水域中，鱼类有1000多种，其中海、淡水洄游性鱼类近70种；其他的淡水水生生物种类还包括虾、蟹、蚌、螺、鳖和鳄等。长江中下游的中华鲟、白鲟、胭脂鱼、白鳍豚、扬子鳄、大鲵等具有较高的经济价值或学术价值，是我国重要的珍稀水生生物资源。

### 2.1.2 动物种质资源国际保藏情况

全美农科院（Agricultural Research Service of United States Department of Agriculture，ARSUSDA）在20世纪70年代建立了全国畜禽种质资源信息中心（Germplasm Resources Information Network，GRIN），在全国8个州建立了区域性的保种基地。美国还设立了美洲小物种保护局（American Minor Breeds Conservancy，AMBC），专门从事小物种保护工作。1975

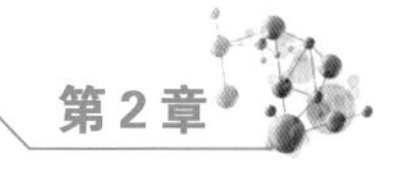

年在圣地亚哥动物园建立了濒危物种繁育研究中心，共收集4800个动物个体，该中心还建立了动物DNA库。美国国立卫生研究院（National Institute of Health，NIH）已开展了畜禽种质资源DNA库、cDNA文库保存工作。这些工作使美国种质资源保护与利用呈现规划系统化、保护区域化、管理信息化的特点，1999年2月，美国政府颁布总统令，防止外来种的入侵并恢复本地种。美国农业部针对入侵种提出了3项国家目标：入侵种的预防、入侵种的控制、本地种的恢复等措施。截至2014年年底，美国政府在科罗拉多大学建立了全国种质资源保护与利用中心（基因库），凡是被列入国家保种计划畜禽品种的种质资源（包括外来品种资源），在保护中心都将得到妥善的保存。该中心是保存有奶牛、猪、肉牛、绵羊、水生淡水鱼、苍蝇幼虫、山羊、鸡、水生无脊椎动物、野牛、水生海洋鱼类、火鸡、麋鹿等品种的19 589个个体的资源库。

英国设立了珍稀品种救助托管局（Rare Breed Survival Trust，RBST），负责对种质资源的调查、珍稀资源的确定，开展稀有、濒危品种的抢救性保护工作，并取得了较为理想的效果。

法国于1999年建立了国家冷库（Cryobanque Nationale），用来保存畜禽的精液和胚胎，该冷库收集以下3种类型的资源：①濒危品种；②拥有优异生产性能表现的非濒危品种个体；③育种群的典型样本。为了避免发生意外，国家冷库还对保存的遗传物质进行了备份。

荷兰动物遗传资源中心（The Centre for Genetic Resources）（2010年）共收集了猪、牛、犬、绵羊、山羊、家禽、马61个品种的5701个个体的遗传物质。

巴西作为南美洲畜禽种质资源大国，成立了遗传资源和生物技术研究中心（Genetic Resources and Biological Technology Research Center）。1981年，该中心建立了牛、水牛、猪、绵山羊、马、驴等分中心，负责各畜禽种内遗传资源的保护计划，其中包括鉴定品种的遗传变异、种质鉴定、原地核心群保护、精液与胚胎的冷冻保存。巴西畜禽遗传资源的保护主要采取原位保护、核心群保种和易位保存。易位保存由国家遗传资源与生物技术研究中心下属的动物种质库承担，动物种质库共保存有牛、山羊、绵羊、马和驴 14 个品种的 52 230 剂冷冻精液和 220 枚胚胎。

印度政府于 1976 年成立了动物遗传资源局（National Bureau of Animal Genetic Resources，NBAGR），由国家投资实施了保护地方种质资源的一系列措施，对全国种质资源进行了全面调查和评价，建立了种质资源基因库和数据库，并建立了种质资源开放核心群保护及改良体系。目前共收集了 31 个品种的 257 头种公畜 97 835 剂冷冻精液，其中品种主要包括牛、水牛、绵羊、山羊、骆驼、牦牛和马。

受益于显微技术发展和细胞理论建立的直接影响，英国、法国、德国、美国、加拿大、巴西等国家和地区早在 17、18 世纪就开始着手寄生虫生物标本的收藏，最早以机构力量收藏的国家是英国，自 1759 年发展到 2006 年，英国自然历史博物馆（The Natural History Museum）收藏的蠕虫标本数量和种类双双跃居世界第一。始建于 1892 年的美国国立寄生虫资源保藏中心（The United States National Parasite Collection，USNPC）是目前世界上收藏动物及人体寄生虫标本规模最大的机构，所藏 95000 种 2000 万件标本中，模式标本 12000 件，正模 3000 件。与此相仿，自 1793 年起，法国、德国、南非、瑞典、巴西、澳大利亚、苏联、比利时、加拿大、墨西哥、日本、印度等国陆续启用或建立寄生虫标本馆或收藏中心，以承担对本土及其以外地区寄生虫资源的收集保存。

### 2.1.3 动物种质资源国内保藏情况

（1）畜禽动物资源国内保藏情况

我国在二十世纪七八十年代开展了第一次全国性的资源调查，在“十一五”期间组织完成了第二次全国 1200 余个畜禽品种（类型）的资源调查，摸清了资源的最新状况，出版了资源志书。“十一五”期间，国家颁布实施了《畜牧法》，出台了《畜禽遗传资源保种场保护区和基因库管理办法》等一些配套的法律法规，将资源保护经费列入财政预算。1996 年，成立了国家家禽遗传资源管理委员会，负责资源的鉴定、评估和新品种（配套系）审定及资源的保护利用等工作。2007 年，国家家禽遗传资源管理委员会撤销，成立国家家禽遗传资源委员会。安徽、辽宁

等省份还成立了专门从事畜禽资源保护利用的专业技术机构。

2014年，农业部对《国家级畜禽遗传资源保护名录》（中华人民共和国农业部公告第662号）进行修订，确定八眉猪等159个畜禽品种为国家级畜禽遗传资源保护品种。自2006年以来，农业部分两批公布了国家级畜禽保种场109个、保护区22个和基因库6个，江苏、福建等省（自治区、直辖市）建立了省级畜禽保种场、保护区和基因库，初步建立了以保种场保护区保护为主、基因库保存为辅的畜禽遗传资源保种体系，抢救了一批濒危的畜禽品种，保存了大量珍贵的育种素材。

近年来，运用现代育种技术，以地方品种为基本素材，培育了京海黄鸡、夏南牛、巴美肉羊等90个畜禽新品种（配套系）。同时还对地方品种的生产性能进行大量的开发利用，成效显著，有的品种生产性能提高了1倍。

（2）水产资源国内保藏情况

2007—2013年，农业部根据《水产种质资源保护区划定工作规范》的要求，先后划定公布了7批共计428处国家级水产种质资源保护区，以保护重要水产种质资源及其产卵场、索饵场、越冬场和洄游通道。已公布详细范围、面积和功能分区的前6批国家级水产种质资源保护区总面积为152 735.92 km$^2$，按其所在水体类型可分为：江河型保护区228个，湖泊型保护区86个，水库型保护区7个，河口型保护区4个，海洋型保护区43个。其中江河型、湖泊型和水库型3种类型的保护区总面积为89 705.78 km$^2$，占内陆水域面积（17.47万km$^2$）的51.35%；海洋型和河口型保护区合计总面积为63 030.14 km$^2$，占我国海域面积（472.7万km$^2$）的1.33%。在已公布的前6批国家级水产种质资源保护区中，主要保护对象342种，其中主要保护对象在《国家重点保护经济水生动植物资源名录（第一批）》中的种类有97种，占全部名录的58.4%；其中鱼类68种，贝类12种，甲壳类9种，爬行类2种，软体动物1种，藻类和水生植物5种。若以保护区中栖息的其他保护动物为有效保护物种，则已保护了《名录》中所有物种的80%以上。在这些保护物种中，除了保护鹰嘴角金线鲃、长尾鮡等土著特有鱼类外，还重点保护青鱼、草鱼、鲢鱼、鳙鱼、鲤鱼、鲫鱼等水产养殖重要品种。如长江扬州段的四大家鱼国家级水产种质资源保护区等14个保护区，均以保护“青草鲢鳙”四大家鱼及其产卵场为主要功能。总之，我国已建立的国家级水产种质资源保护区在保护我国重要经济水生动植物种质资源方面发挥着重要的作用。

此外，早在20世纪50年代，我国就解决了具有中国特色的四大家鱼的繁殖问题，60年代解决了对虾人工繁殖问题，从而使鱼类种质资源工作跨上了一个新台阶。

（3）寄生虫资源国内保藏情况

通过寄生虫虫种资源的标准化整合，中国寄生虫种质资源保藏中心构建了3个寄生虫标本展示馆，分别是人体寄生虫和媒介标本展示馆、动物寄生虫标本展示馆、寄生虫活体资源展示馆，分别落户在中国疾病预防控制中心（CDC）寄生虫病预防控制所、中国农业科学院上海兽医研究所、兰州兽医研究所。中国的寄生虫种质资源保藏库遍布中国15个省20个寄生虫种质资源保藏机构，涉及医学寄生虫学、兽医寄生虫学、病原生物学、医学贝类/媒介生物学、分子生物学、兽医学、植物寄生虫学等多学科领域。在整理全国医学寄生虫、动物寄生虫、植物寄生虫种质资源名录的基础上，共完成了11个门23个纲1115种/117 814件寄生虫种质资源的整理、整合和数字化表达任务，占国内同类资源的39.27%。

按照动物分类法构建了寄生虫种质资源8个数据库，包括原虫数据库、线虫数据库、绦虫数据库、吸虫数据库、软体动物数据库、节肢动物数据库、甲壳动物数据库和罕见寄生虫数据库，同时，创建了寄生虫种质资源图片库，多媒体图片达到110 652张，基本涵盖了所有寄生虫研究和利用领域，寄生虫种质资源实物实行公益性共享。

中国寄生虫种质资源中心下设3个网站，分别是门户网站中国寄生虫虫种资源网 www.psic.net.cn，项目展示网站寄生虫虚拟博物馆 museum.psic.net.cn，项目运行管理网站 pm.psic.cn。门户和展示网站中包括项目整理整合的资源数据信息、多媒体信息、资源环绕图像、资源3D数据等多

种信息资源，能够从多角度表述资源详情，信息实行公益性共享机制，信息无须注册、登录，提供全年无休24小时的服务。

### 2.1.4 动物种质资源国内外情况对比

国外畜禽动物资源品种数量虽不具有优势，但资源品质优良，国外欧美发达国家对资源的研究和利用起步早、起点高、投入大、发展快。动物遗传资源研究先进水平的代表主要为美国、英国、巴西和印度等，这些国家都开展了资源调查和评价工作，建立了基因库和改良计划。北欧四国和美国等国家的毛皮动物资源显著优于国内资源，致使国内需要每年耗费大量资金来引进，以避免国内资源的退化。目前畜禽动物资源，特别是特种动物遗传资源的保护日益受到世界各国的普遍关注和高度重视。

我国是世界上拥有畜禽动物资源的大国，在国际上占有重要地位，特别是拥有众多特色资源。但通过国内外情况对比分析，存在政策法规不够完善、资源保护力度不足等问题。随着我国对动物种质资源的重视，我国在动物种质资源方面取得了一些成果，如已经在保藏方式上形成了从活体资源的原产地保护，提升到遗传物质的保护，技术手段也得到升级，并且开展了大量的资源深度挖掘工作，为新品种选育、本品种优化提供了大量的素材，形成了一批先进的技术成果。此外，在国家的法律法规和政策上也给予了保障，制订了部分畜种的长期性遗传改良计划。从国家到地方都开展了大量的保藏活动，有的地方已经建立省市级保藏中心，如辽宁、江苏等省份。另外，通过国家基础条件平台之一的畜禽动物种质资源共享服务平台建设和运行，更加有力地促进了这些资源的整合与利用，目前该平台已经整合了国内外的723种资源，并结合国际前沿与市场需求开展了大量的技术研究与开发工作，成效日益显著。

国外对水产种质资源的保存形式与国内基本相同，多为活体、胚胎和细胞等形式，但在规模和数量方面远低于国内，其更侧重于水产种质资源的开发利用，如美国、英国、日本、澳大利亚等纷纷将经济水生生物（鱼、虾、贝、藻）的遗传育种研究列为水产经济的重点发展方向，并已在相关领域取得技术突破，形成产业优势。国际方面，以美国、挪威等发达国家为代表，普遍建立了以大型企业集团为主体的商业化育种体系，凭借自身的技术、人才、资源和市场优势在国际竞争中处于垄断地位。例如，世界上选育种工作最为出色的养殖鱼类主要是大西洋鲑、虹鳟和红点鲑属鱼类。挪威培育的大西洋鲑良种已成为该国重要的经济支柱之一，美国培育的高产抗逆凡纳滨对虾良种已垄断了国际养虾业。东南亚通过国际合作培育的高产罗非鱼品种，畅销亚洲各国。

水产种质资源保存技术层次多样，资源储备数量丰富，目前我国已经建立了包括分子（DNA）保存、细胞保存和活体保存在内的层次多样的水产种质保存技术体系。自 20 世纪 90 年代我国建立第一个鱼类冷冻精液库以来，已经对 131 种鱼类或地理群体的海、淡水鱼类精子进行了冷冻保存；建立了 31 种鱼类或地理群体的海、淡水鱼类细胞系；依托国家基础科技条件平台—水产种质资源平台等，完成活体保存的水生物种已达 731 种。在基因资源方面，国内外已经至少开展了 13 个水产物种的全基因组测序，极大地丰富了基因组资源。此外，众多水产养殖生物也分别依托转录组、简化基因组等技术手段，开发了大量的分子标记资源。随着基因组数据和遗传变异位点的不断挖掘，长期困扰水产生物技术和遗传育种工作者的基因资源和分子标记匮乏的局面得到大大改观。

## 2.2 国内动物种质资源库建设情况

### 2.2.1 总体情况

截至 2015 年，在全国 96 个动物种质资源保藏机构中，35 个保藏机构隶属于中央级单位，61 个保藏机构隶属于地方单位。隶属于中央级的 35 个保藏机构中，有 17 个隶属于农业部、11 个隶属于教育部、2 个隶属于国家海洋局、1 个隶属于国家林业局、1 个隶属于中国科学院、1 个隶属于卫生部、1 个隶属于水利部、1 个隶属于国家民族事务委员会（图 2–2）。

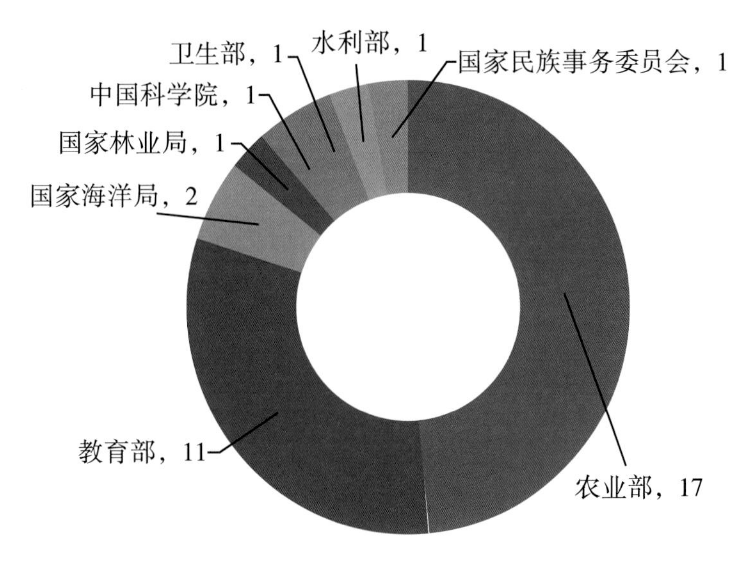


图 2–2 动物种质资源中央级保藏机构分布情况（单位：个）

畜禽动物类保藏机构共保藏畜禽动物资源 723 个品种（品系），收录于品种志的为 530 个，占品种志（共收录 797 种）的 66.5%，前 6 位机构如表 2–5 所示；寄生虫类保藏机构共保藏寄生虫品种 1115 种，主要有 11 家（表 2–6）。

表 2–5 6 家主要畜禽动物类保藏机构情况

| 序号 | 保藏机构名称 | 依托单位 | 上级主管部门 | 保藏总数 / 种 | 单位所在省市 |
| --- | --- | --- | --- | --- | --- |
| 1 | 重要及濒危畜禽动物种质资源体细胞库 | 中国农业科学院北京畜牧兽医研究所 | 农业部 | 80 000 余株 / 121 种 | 北京市 |
| 2 | 国家级畜禽牧草种质资源保存利用中心 | 全国畜牧兽医总站 | 农业部 | 219 879 剂精液 /68 个品种 | 北京市 |
| 3 | 国家级地方鸡种基因库（江苏） | 中国农业科学院家禽研究所 | 农业部 | 168 个地方禽种的 13 000 余份 DNA 样本 /32 种 | 江苏省 |
| 4 | 国家水禽基因库 | 江苏农牧科技职业学院 | 农业部 | 4500 只 / 17 种 | 江苏省 |
| 5 | 国家级地方鸡种基因库（浙江） | 浙江光大种禽业有限公司 | 农业部 | 保存 17 个地方鸡种 | 浙江省 |
| 6 | 国家级水禽基因库（福建） | 福建省石狮市水禽保种中心 | 农业部 | 保存 15 个水禽品种 | 福建省 |

表 2-6　11 家主要寄生虫类保藏机构情况

| 序号 | 保藏机构名称 | 依托单位 | 上级主管部门 | 保藏总数 / 份 | 保藏资源占该类资源调查总数比 | 单位所在省市 |
|---|---|---|---|---|---|---|
| 1 | 中国农业科学院上海家畜寄生虫病研究所 | 中国农业科学院 | 农业部 | 38 195 | 32.4% | 上海市 |
| 2 | 中国疾病预防控制中心寄生虫病所 | 中国疾病预防控制中心 | 卫生计生委 | 37 429 | 31.8% | 上海市 |
| 3 | 中国农业科学院兰州畜医研究所 | 中国农业科学院 | 农业部 | 6797 | 5.8% | 甘肃省 |
| 4 | 东北农业大学农学院 | 东北农业大学 | 黑龙江省人民政府 | 5392 | 4.6% | 黑龙江省 |
| 5 | 沈阳农业大学北方线虫研究所 | 沈阳农业大学 | 教育部 | 5037 | 4.3% | 吉林省 |
| 6 | 第二军医大学病原微生物学院 | 第二军医大学 | 解放军总后勤部 | 4831 | 4.1% | 上海市 |
| 7 | 江苏大学医学院 | 江苏大学 | 教育部 | 4544 | 3.8% | 江苏省 |
| 8 | 南京医科大学 | 南京医科大学 | 教育部 | 3645 | 3.1% | 江苏省 |
| 9 | 福建省疾控中心 | 福建省疾控中心 | 卫生计生委 | 2469 | 2.1% | 福建省 |
| 10 | 厦门大学动物学院 | 厦门大学 | 教育部 | 2411 | 2.0% | 福建省 |
| 11 | 中山大学医学院 | 中山大学 | 教育部 | 1980 | 1.6% | 广东省 |

### 2.2.2　重要库馆介绍

（1）重要及濒危畜禽资源细胞库

重要及濒危畜禽资源细胞库由中国农业科学院北京畜牧兽医研究所

通过国家畜禽动物种质资源共享服务平台构建，目前已经成为世界上最大的畜禽体细胞库。截至2015年年底，细胞库中已保藏了包括德保矮马、北京油鸡、北京鸭、滩羊、鲁西黄牛、民猪等121个地方畜禽品种共计80 000余份细胞，不仅有效地保护了我国畜禽遗传资源的多样性，也为畜禽品种生物学等相关研究提供了有效的实验材料，同时细胞库的建立也为其他动物遗传资源细胞水平的保存提供了技术与理论支撑和保障。该项目针对重要及濒危畜禽种质资源，通过大量科学试验，开展了畜禽种质资源体细胞库的建立和生物学特性研究工作，以重要、濒危畜禽遗传种质资源体外细胞制备等8项关键技术为核心，建立了技术体系，创建并提供给社会高质量的重要、濒危畜禽种质资源体外细胞材料80 000余份，已在科研、教学单位的基础研究中发挥了重要的作用。

通过该细胞库已经获得国家发明专利20余项，实用新型专利10余项，出版了高水平学术专著3部，发表了一批具有科学意义和实用价值的学术论文，培养了一批理论基础扎实、实验技能熟练，具有独立研究能力和创新意识的高科技人才。突破了我国畜禽种质资源体外保存技术落后、缺乏自主知识产权的新型材料等诸多制约其技术发展和实物利用的瓶颈，建立了科学、系统、行之有效的畜禽体外细胞制备技术体系，开辟了以体外培养细胞形式保护和利用濒危畜禽种质资源的新途径，为我国重要、濒危畜禽种质资源保护事业做出了开创性贡献，有力地推动了全国畜禽资源保护及利用的健康快速发展。

（2）国家级海洋渔业生物种质资源库（筹）

国家级海洋渔业生物种质资源库项目已得到国家发展和改革委员会的正式批复，预计2017年年底开工建设。建设渔业种质资源库主要是为了解决环境污染、渔业过度捕捞等问题，以避免各类灾害造成海洋渔业物种灭绝。国家级海洋渔业生物种质资源库项目位于黄海水产研究所院内东侧，占地10亩，整体建筑面积大约2万平方米，计划投资1.7亿元。

该项目是我国设计规模最大的海洋渔业种质资源库，也是目前唯一立项的海洋渔业种质资源库。该项目建成后将作为我国海洋渔业生物资源主库存在，同时在全国其他城市建设分库进行资源备份。该项目内容具体包括“5 库 2 中心”，即建设基因库、细胞库、微生物库、活体库、群体库（标本）5 个子库，同时配套数据处理中心和仪器设备中心，围绕 5 个子库的建设运行进行数据收集处理和仪器设备共享。

### 2.2.3 动物种质资源共享服务平台建设与服务情况

（1）畜禽动物种质资源共享服务平台

根据国家科技基础条件平台的建设和运行要求，依托中国农业科学院北京畜牧兽医研究所，联合中国农业科学院特产研究所、中国农业大学、全国畜牧总站、东北林业大学、吉林大学等科研院所、大专院校和企业，开展对猪、牛、羊、狐狸、水貂、家禽、鹿等畜禽动物资源的资源整合、资源共享、资源更新收集等工作。该平台每年向政府、科研单位、高等院校及养殖企业等千余家实体机构提供动物实验资源近 200 万份，其中活体资源超过 100 万份。国家畜禽动物种质资源共享服务平台主要资源共享情况见表 2–7。

表 2–7 国家畜禽动物种质资源共享服务平台主要资源共享情况

| 品种 | 活体 | 细胞 | 精子 | DNA | 胚胎 |
|---|---|---|---|---|---|
| 家畜 | 688 | 121 | 219 879 | 23 700 | 10 264 |
| 家禽 | 35 | 35 | 3500 | 13 000 | 0 |
| 合计 | 723 | 156 | 223 379 | 36 700 | 10 264 |

截至 2015 年年底，畜禽动物种质资源共享服务平台每年新增活体资源 3 ~ 5 种，遗传物质资源 10 种，资源整合总量达到 723 种。持续开展畜禽动物高效生态养殖技术研究与示范推广、畜禽动物品种的选育提高和细胞库的构建与利用等专题服务，每年举办各类生产技术相关培训班 200 余次，培训技术人员 1 万余人次。支撑项目 100 多项，发表论文 200 篇以上，其中 SCI 论文超过 50 篇，授权专利 20 多项，专著 5 ~ 8 部，编著 3 ~ 5 部，获奖 10 余项；发放技术资料、图书万余册，建立了家养动物种质资源共享服务平台网络（http://www.cdad–is.org.cn），更新网站信息 30 条，年总访问量超过 250 万人次。每年直接参与平台工作的科研院所、大学达 60 余家，参与项目的总人数超过 1300 人，其中运行管理人员 50 人，

技术支撑人员220人，共享服务人员900余人，培养150多名研究生。

（2）国家水产种质资源共享服务平台

根据国家科技基础条件平台的建设和运行要求，以中国水产科学研究院为牵头单位，按照各海区和内陆主要流域设计建立了10个保存整合分中心和地方级参加单位的两级平台建设运行体系。目前该平台已有35家水产科研院所、大学等单位及多家国家级水产原良种场及龙头企业，开展重要养殖生物，各类濒危、珍稀水生动物种质资源的更新收集、整合和社会共享。国家水产种质资源共享服务平台共享情况见表2–8。

表2–8　国家水产种质资源共享服务平台共享情况

| 品种 | 活体 | 标本 | 细胞 | 精子 | DNA |
| --- | --- | --- | --- | --- | --- |
| 鱼类 | 535 | 1453 | 115 | 67 | 9539 |
| 甲壳类 | 16 | 19 | 5 | 10 | 1 |
| 贝类 | 1160 | 721 | 20 | 2 | 1043 |
| 藻类 | 52 | 30 | 50 | 0 | 63 |
| 合计 | 1763 | 2223 | 190 | 79 | 10 646 |

截至2015年年底，国家水产种质资源共享服务平台共整理、整合和保存了10 843种水产种质资源，每年新增实物资源数据150多条，新增信息3000余条，已整合水产种质资源占国内保存资源总数的90%以上，重要养殖生物种类的整合率达到100%。此外，平台还收集整合各类濒危、珍稀种质资源42种，濒危野生动物体细胞6种，并及时进行了繁殖更新，有效地支撑了濒危水生动物保护工作的开展。水产种质资源共享服务平台对993种活体资源信息、3978种种质资源标本信息，以及大量的精子、细胞系、病原菌、DNA，32种基因和210种藻类的资源信息进行了标准化整理和数字化表达。每年开展实物资源服务1000余次，为633个研究机构、水产技术推广站、养殖企业和渔民等提供各类鱼虾贝藻苗种超过50亿尾（粒）。开展各类技术培训班200多次，培训人数2万多人次。平台共支撑包括“863”“973”、农业行业专项、产业体系、国家自然科学基金、基本科研业务费等共500余项项目/课题的运行，其中国家级项目200多项；在平台支撑下，获各类成果奖励20多项，其中国家级二

等奖 1 项，省部级一等奖 7 项，二等奖 7 项，三等奖 3 项，其他 2 项；每年发表学术论文 300 余篇，其中 SCI 论文百余篇，出版专著 10 部左右；申请各类专利 100 多项，制定各类标准 20 多项。平台资源保存库，尤其是活体保存基地已成为人才锻炼和培养基地，累计为 1000 多名高校、院所的青年职工培训，学生产业实习、论文实践开展等工作提供场所和实验素材，为培养、储备渔业人才发挥重大作用。

（3）寄生虫种质资源共享服务平台

根据国家科技基础条件平台的建设和运行要求，依托中国疾病预防控制中心寄生虫病预防控制所，联合中国农业科学院上海兽医研究所、中国农业科学院兰州兽医研究所、东北农业大学、上海第二军医大学、江苏大学、福建省疾病预防控制中心等全国 15 省的 12 家机构，主要开展人体寄生虫、动物寄生虫、人畜共患寄生虫的资源更新收集、整合和社会共享。

从 2008 年至今，寄生虫种质资源共享服务平台为国内外的 100 项科研项目及 52 家科研机构提供了七大类、16 720 件资源的实物共享；寄生虫病种质资源库为 20 个国家继续教育培训班及 5 所大专院校及科研院所提供 36 次寄生虫病教学服务，培训及教学达 12 494 人次，共计提供 2298 种寄生虫教学资源；利用平台资源发表研究论文 288 篇，其中 SCI 收录 106 篇，出版专著 12 部；发行了重要食源性寄生虫病健康科普片 5 部；协助 CCTV10、CCTV7、湖南卫视、黑龙江卫视及中国农村杂志社等媒体拍摄寄生虫健康宣传片及开展系列讲座；为社会搭建了知识服务一体化平台。同时，平台提供面向社会的寄生虫专题服务，为临床医疗机构提供寄生虫病网络诊断咨询检测服务，共计提供临床、动物检疫、植物保护咨询检测服务 54 558 人次，检测动物 8791 头次、检测植物 642 次；构建的寄生虫病和热带病种质资源中心共享平台（http：//www.tdrc.org.cn），首次利用互联网实现资源信息共享，提升了我国寄生虫虫种资源的利用率。

利用该平台建立了多种寄生虫的免疫学、分子生物学检测和鉴定技术，获得 28 项授权专利；制定了水产品中寄生虫幼虫的检测鉴定标准，并应用在公共卫生、食品安全及动植物检疫领域，提高了寄生虫虫种鉴

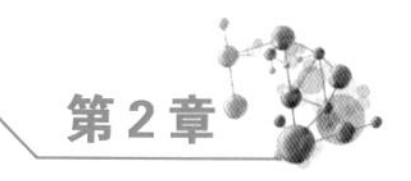

定的准确性，使中国寄生虫虫种资源库在寄生虫虫种的检测鉴定方面成为领先的技术平台。

## 2.3 动物种质资源支撑科技创新与经济社会发展

畜禽种质资源在许多方面都具有重要的科学价值，某些物种、品种、品系、种群具有珍贵的基因序列、特殊的生理特性及适应能力，为畜禽科技创新研究及产业发展提供了可能。水产种质资源是渔业生产和渔业科技发展的重要物质基础，是国家自然资源，保护和合理开发利用水产生物种质资源是我国渔业的重要研究内容，水产资源中优秀种质的鉴定、抗病与抗逆育种将对水产养殖产业起到关键性作用。寄生虫种质资源不仅满足研究和生产的需要，同时也是国家重要资源之一，为科研生产和疾病防控提供服务。

（1）深度挖掘畜禽种质资源，助推产业发展

畜牧业的产业发展，得益于优良的畜禽品种。我国肉鸭品种一直被国外品种主导，为了开发本土资源，开展资源创新，畜禽动物种质资源共享服务平台开展了多品种的选育、优化与资源挖掘工作。其中依托单位中国农业科学院北京畜牧兽医研究所与山东新希望六和集团有限公司及内蒙古塞飞亚农业科技发展股份有限公司合作，持续开展瘦肉型北京鸭联合育种工作，为我国北京鸭新品种选育与推广开创了新局面，并带动我国肉鸭育种与产业的健康发展。该研究成果获得 2013 年度国家科学技术进步奖二等奖。

优良品种是制约我国养殖业发展的关键，近些年很多品种都陷入“引种—退化—再引种”的怪圈，我国养殖业产业中每年大量引进国外资源，引入后品种退化严重。目前，利用传统育种与分子辅助选择相结合，通过引进品种的风土驯化、选育优化和中试应用，经过多个世代的连续选育，已成功培育出针对国内外市场需求、具有完全自主知识产权的多个商品化品种。例如，培育的巴美肉羊是经过杂交培育而成的肉毛兼用型绵羊品种，该品种对中国北方地区自然环境条件和生产方式具有良好的适应性，是我国第一个拥有自主知识产权的肉羊新品种。该成果获得 2013 年

度国家科学技术进步奖二等奖。

另外，针对我国黄羽肉鸡生产中存在生产效率低、肉品质下降、疾病发生率高等问题，利用现代遗传育种技术，挖掘出肉质抗病性状的关键基因和有效分子标记，创建了肌内脂肪含量、淋巴细胞比率为主选性状的选育技术；发明了矮小型鸡配套制种技术，在 30% 的国审黄羽肉鸡新品种中得到应用，该成果"节粮优质抗病黄羽肉鸡新品种培育与应用"获得 2016 年度国家科技进步奖二等奖。

（2）创新利用水产资源品种，提振产业进步

在新品种育成方面，我国水产良种培育能力稳步提高。1996—2014 年，国家水产原种和良种审定委员会审定通过并由农业部发布公告，在全国适宜地区推广养殖的优良品种共 131 个，涵盖了鱼、虾、贝、蟹、藻等主要养殖种类。其中，鱼类 79 种、虾蟹类 17 种、贝类 14 种、藻类 15 种、两栖类 2 种、龟鳖类 3 种、棘皮动物 1 种。按育种技术划分共包括选育种 60 个、杂交种 37 个、其他 4 个，另有引进种 30 个。这是水产育种工作者多年辛勤努力的结晶。尤其近几年审定的新品种主要是选育种和杂交种，占审定新品种的 81.7%。引进种的数量显著减少，2008 年后没有再审定引进种，这说明我国水产育种的研究成果开始批量显现，水产养殖业对引进种的依赖正在减弱，也标志着水产育种研究进入了快速发展的新阶段。

中国水产科学研究院、中国科学院海洋研究所与深圳华大基因研究院等通过多年对我国主要鲆鲽类基因资源发掘和种质创制技术系统的深入研究，完成了世界上第一例鲽形目鱼类全基因组精细图谱绘制，构建了国内外密度最高的半滑舌鳎和牙鲆微卫星标记遗传连锁图谱；发明了高雌苗种制种技术，将生理雌鱼比例提高了 20% 以上，解决了生理雌鱼比例过低的难题；发明了牙鲆高产抗病良种选育技术，创制出我国海水鱼类第一个高产抗病优良品种，使生长率提高 30% 左右、成活率提高 20% 以上。该项目创制的牙鲆新品种及高雌半滑舌鳎苗种在全国沿海省市推广后产生了 69 亿元的经济效益；发掘的基因组序列资源已在许多科研院所推广应用，产生了良好的社会效益，推动了海水鲆鲽鱼类养殖业科技进步和产业发展，具有重大应用价值和广阔的推广前景。该项目荣

获2014年国家技术发明奖二等奖。

（3）寄生虫资源大力支撑科研生产活动

在国家科学技术部的支持下，“重要寄生虫虫种资源标准化整理、整合及共享试点”项目经过5年的建设，产出三大成果：①首次建立寄生原虫、吸虫、绦虫、线虫、节肢动物、软体动物、甲壳动物、其他重要寄生虫八大实物库，构建了我国寄生虫领域种类最全、数量最多的寄生虫种质资源数据库，创建了中国寄生虫虫种资源网（www.psic.net.cn）。②应用虫种资源库，建立了多种寄生虫的免疫学、分子生物学检测鉴定新技术28项，并广泛地应用于公共卫生、食品安全及动植物检疫领域，提高了寄生虫虫种检测鉴定的准确性，使中国寄生虫虫种资源库在寄生虫的检测、鉴定方面成为领先的技术平台。③首次建立了寄生虫病和热带病种质资源中心共享平台（http：//www.tdrc.org.cn），利用互联网实现资源信息和服务的共享，提升了我国寄生虫虫种资源的利用率，为国内外重大科研、教学培训、科普、医疗等方面提供全方位的服务。

该项目为国家“863”计划、“973”计划、国际项目、国家自然科学基金及其他科技计划等100多个项目、52家科研机构提供实物资源共计7大类16 720件；为20个国家继续教育培训班及5所大专院校及科研院所提供36次寄生虫病教学服务，培训及教学12 494人次，共计提供2298种寄生虫教学资源；资源共享服务平台为临床医疗机构提供寄生虫病网络诊断咨询检测服务，为临床、动物检疫、植物保护提供的咨询检测服务共计54 558人次。2005—2015年间接产出110篇英文论文，其中被SCI收录105篇，被SCI引用1723次，SCI他引为1513次；36篇中文论文，共被引217次，他引195次。撰写公布了2项行业标准。以项目为依托构建的寄生虫病和热带病种质资源中心已经成为科学研究、人才培养、疾病控制、动植物检疫必不可少的专业技术平台。平台产出的成果“我国重要寄生虫虫种资源库的构建与应用”荣获2016年度上海市科学技术进步奖一等奖和2016年中华医学科技奖三等奖。

撰稿专家：马月辉、浦亚斌、陈韶红、方辉、何晓红、吴琼

# 3 微生物种质资源

## 3.1 微生物种质资源保藏情况

### 3.1.1 微生物种质资源

微生物是除动物、植物以外的微小生物的总称。微生物资源是指所有微生物的菌种资源、基因资源及其相关的信息资源。微生物种质资源是指人工可以培养、可持续利用的、有一定科学意义、具有实际或潜在应用价值的细菌、真菌、病毒（噬菌体）、藻类、原生动物、质粒等以及相关的信息资源。微生物种质资源根据其应用领域又分为：农业微生物、工业微生物、医学微生物、药用微生物、兽医微生物、林业微生物、科研教学用微生物等。

### 3.1.2 微生物种质资源国际保藏情况

世界微生物数据中心（World Data Center for Microorganism，WDCM）成立于1966年，隶属于世界微生物菌种保藏联合会（WFCC）和联合国教科文组织下的全球微生物资源中心网络，是全球微生物领域最重要的

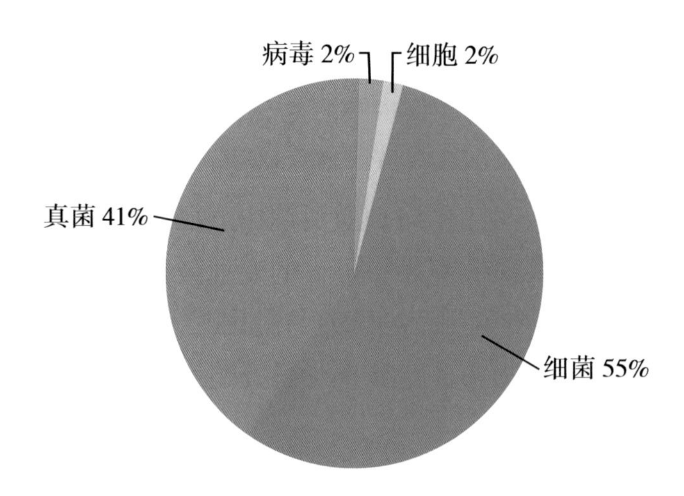


图 2-3 全球微生物种质资源组成

实物资源数据中心，也是我国生命科学领域唯一的世界数据中心。根据世界菌种保藏联合会统计，在世界微生物数据中心注册的微生物种质资源保藏机构共 689 个，从业人员共 5430 人，保藏各类微生物菌株总数为 2 541 465 株。其中细菌资源最多，占保藏总量的 55%，真菌、病毒和细胞分别占保藏总量的 41%、2%和 2%（图 2–3）。

从保藏机构分布区域来看，不同地区设置的保藏机构数量差异显著。亚洲最多（223 个，其中包括中国注册在 WDCM 的 33 个保藏机构），欧洲次之（220 个），非洲的保藏机构数量明显低于其他地区。不同地区保藏的微生物种质资源总量与保藏机构的分布呈现正相关（图 2–4）。

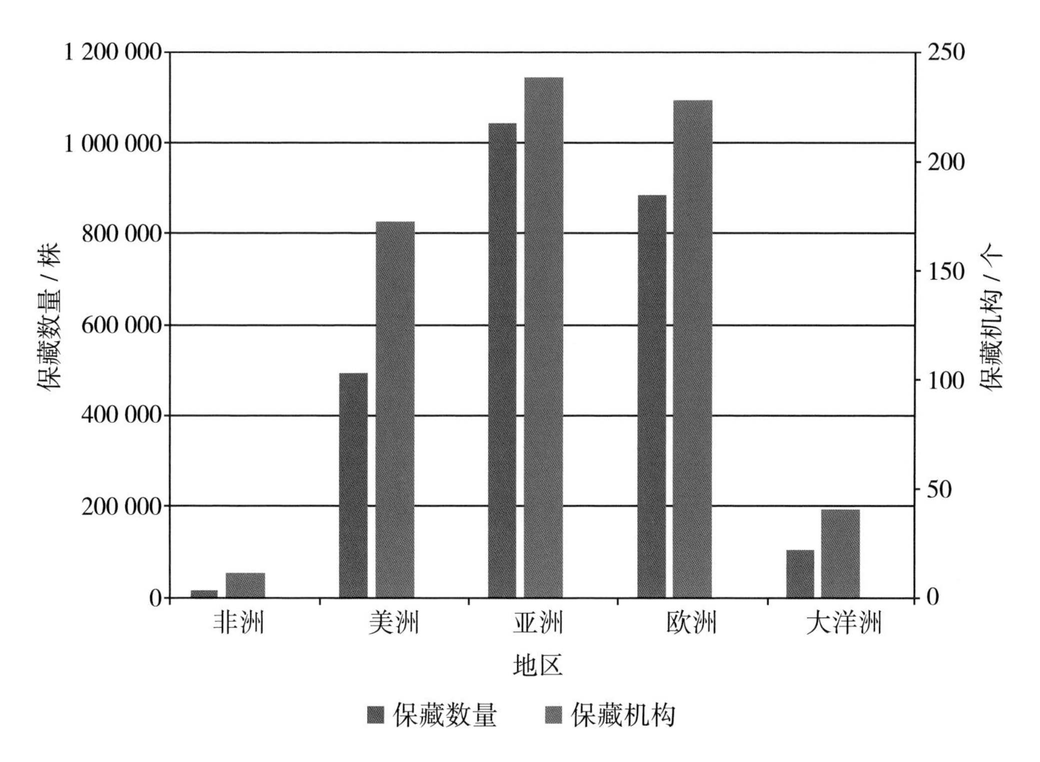


图 2–4　全球各洲保藏机构数量和保藏数量分布

从保藏机构的单位属性看，绝大多数保藏机构为政府科研机构和高等学校，分别占保藏机构总数的 41%和 40%（图 2–5）。

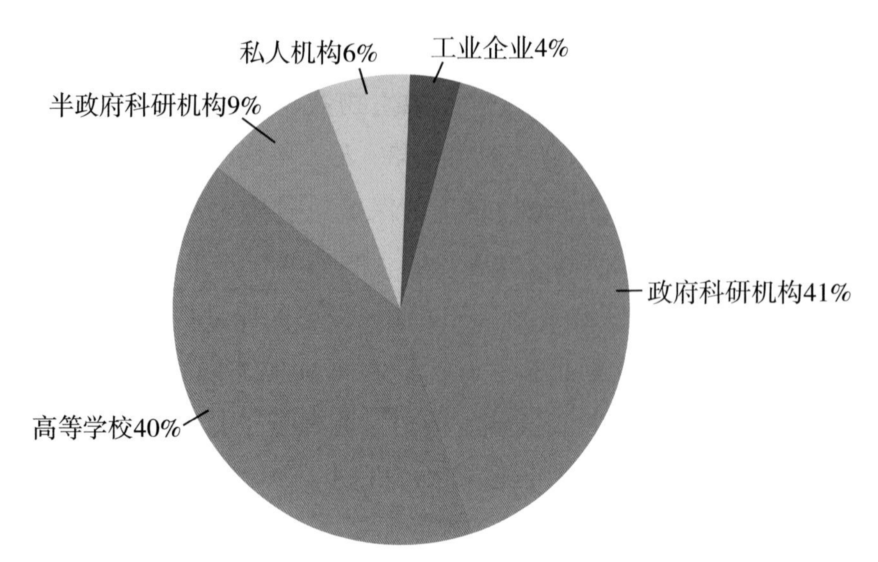


图 2-5 全球保藏机构的单位属性

美国典型培养物保藏中心（American Type Culture Collection，ATCC）是一个独立私营的非营利性生物资源中心和研究机构，主要任务是获取、验证、生产、保存、开发和销售标准的参照微生物、细胞株和其他用于生命科学研究的材料。ATCC 的藏品包括了用于研究的各种生物材料：细胞株、分子遗传学工具、微生物和生物制品等。该机构收藏的人类、动植物细胞株 4300 余株系；来源于人、小鼠、大鼠、大豆、猴、斑马鱼和一些疾病传播介体的克隆基因 800 万个。ATCC 收藏的微生物样本包括 1.8 万个细菌菌株、2000 个不同种类的动物病毒和 1000 个植物病毒。此外，ATCC 还收藏超过 4.9 万个酵母和真菌菌株，以及 2000 个原生动物株系。

德国微生物及细胞培养物保藏中心（Deutsche Sammlung von Mikroorganismen und Zellkulturen，DSMZ）是一个独立的服务和研究组织，致力于获取、表征、鉴定、保存和分配细菌、古生菌、真菌、酵母菌、质粒、噬菌体、人类和动物细胞系、植物细胞培养和植物病毒。DSMZ 目前有超过 8700 株细菌和几乎所有能描述出的古生菌种类的藏品，包括 100 种噬菌体、2300 种丝状真菌、500 种酵母菌、740 种植物细胞培养体、700 种植物病毒及 400 种人和动物的细胞系。

日本微生物收藏中心（Japan Collection of Microorganisms，JCM）是一所半政府性质的研究机构，隶属于日本物理和化学研究所（Institute of

Physical and Chemical Research，RIKEN），专门为生命科学和生物科学技术领域研究人员提供实体微生物。

欧洲微生物资源中心联盟（European Consortium of Microbial Resources Centres，EMbaRC）联合了欧洲重要的微生物资源中心，在向欧洲和国际各个公共和私营部门的研究人员提供微生物资源方面起到改良、协调和验证微生物资源的作用。其开展的微生物保护和利用工作旨在帮助实现基于知识的生物经济。

### 3.1.3　微生物种质资源国内保藏情况

目前国外微生物资源领域发展趋势显示，各国政府对微生物种质资源收集、保藏投入不断加大，各国的资源考察船纷纷潜入深海、驶入基地，在科学研究的同时，收集生物资源。各国也非常重视菌种保藏中心的现代化建设、微生物资源和基因资源的评价和利用，以及微生物种质资源库的建设。

从 20 世纪 80 年代开始，中国陆续成立了一系列菌种保藏中心。微生物菌种保藏机构的核心职能包括菌种收集保藏、共享生物材料、提供保藏服务、培训保藏人员、菌种鉴定，以及从事分类、评价等研究工作。

据统计调查数据，我国微生物资源保藏总量达到 50 万株以上。国家微生物资源共享服务平台是我国主要的微生物资源保藏共享机构，截至 2015 年年底，平台累计库藏资源量达 206 795 株，可共享菌株数达 136 330 株。平台已整合的微生物资源约占国内资源总数的 41.4%，占全世界微生物资源保存总量的 8.13%。近年来更是注重特殊生态环境微生物资源及专利菌株资源的整合，极大地丰富了库藏资源的多样性。

### 3.1.4　微生物种质资源国内外情况对比

WDCM 从事的重要工作之一就是建设和维护世界微生物菌种保藏机构数据库（Culture Collections Information Worldwide，CCINFO）。CCINFO 包括一个在线的数据注册和更新系统，该数据库是世界微生物资源领域最权威且最全面的菌种保藏数据库，对于研究微生物资源的保藏和应用、了解各个微生物资源保藏机构状况有着非常重要的意义。

截至 2015 年，全球微生物菌株保藏总量排名前 10 位国家见表 2–9。CCINFO 共录入中国菌种保藏中心 33 个，保藏各类微生物菌种 182 235 株（各国有部分数据未在统计中，部分中国菌种保藏中心的数据已经多年没有更新维护），位居世界第 4 位。这与我国调查统计的 90 家微生物菌种保藏机构有一定的差距，说明与国际方面相比，我国微生物菌种保藏机构在服务量及国际化程度方面还存在一定差距。

表 2–9　全球微生物菌株保藏总量排名前 10 位的国家

| 排名 | 国家 | 菌种总量 / 株 | 保藏中心数 / 个 |
|---|---|---|---|
| 1 | 美国 | 261 637 | 29 |
| 2 | 日本 | 254 830 | 26 |
| 3 | 印度 | 194 174 | 30 |
| 4 | 中国 | 182 235 | 33 |
| 5 | 韩国 | 167 090 | 23 |
| 6 | 巴西 | 114 494 | 77 |
| 7 | 丹麦 | 102 066 | 3 |
| 8 | 泰国 | 99 323 | 63 |
| 9 | 德国 | 95 593 | 13 |
| 10 | 比利时 | 93 421 | 7 |

此外，根据世界知识产权组织（World Intellectual Property Organization，WIPO）发布的用于专利程序的生物材料的保藏数据（2015 年），全球 45 个布达佩斯条约国际保藏中心共受理保藏用于专利程序的各类生物材料 96 907 株。前 10 位保藏机构排名见表 2–10。美国的美国典型培养物保藏中心（American Type Culture Collection，ATCC）以 31 114 株专利菌株的保藏量居第 1 位，中国的中国普通微生物菌种保藏管理中心（China General Microbiological Culture Collection Center，CGMCC）专利菌株的保藏量为 11 977 株，居第 2 位，中国典型培养物保藏中心（China Center for Type Culture Collection，CCTCC）专利菌株的保藏量为 7872 株，居于第 5 位。按国家统计，全球用于专利程序的生物材料保藏量居前 3 位的国家分别是美国（35 057 株）、中国（19 849 株）和日本（10 201 株），中国每年

新增的专利生物材料保藏量已连续8年保持世界第一，从一个侧面反映了我国生命科学和生物技术研发发展快速。

表2–10　全球微生物专利菌株保藏总量排名前10位的机构

| 排名 | 机构 | 保藏量/株 | 分发量/株 |
|---|---|---|---|
| 1 | 美国典型培养物保藏中心（ATCC） | 31 114 | 14 540 |
| 2 | 中国普通微生物菌种保藏管理中心（CGMCC） | 11 977 | 308 |
| 3 | 日本产业技术研究所专利微生物保藏中心（IPOD） | 10 201 | 1099 |
| 4 | 德国微生物及细胞培养物保藏中心（DSMZ） | 7988 | 1399 |
| 5 | 中国典型培养物保藏中心（CCTCC） | 7872 | 244 |
| 6 | 法国微生物保藏中心（CNCM） | 4489 | 889 |
| 7 | 韩国典型菌种保藏中心（KCTC） | 4011 | 400 |
| 8 | 美国农业菌种保藏中心（NRRL） | 3942 | 5556 |
| 9 | 英国食品工业与海洋细菌菌种保藏中心（NCIMB） | 2916 | 264 |
| 10 | 韩国微生物保藏中心（KCCM） | 1796 | 190 |

## 3.2　国内微生物种质资源库建设情况

### 3.2.1　总体情况

截至2015年，根据科技资源调查，全国90个微生物种质资源保藏机构中，34个保藏机构隶属于中央级单位，56个保藏机构隶属于地方单位。隶属于中央级的34个保藏机构中，有11个隶属于教育部、8个隶属于农业部、5个隶属于卫生计生委、4个隶属于中国科学院、2个隶属于国家海洋局、1个隶属于国家林业局、1个隶属于国家民族事务委员会、1个隶属于国资委，1个隶属于食品药品监督管理总局（图2–6）。

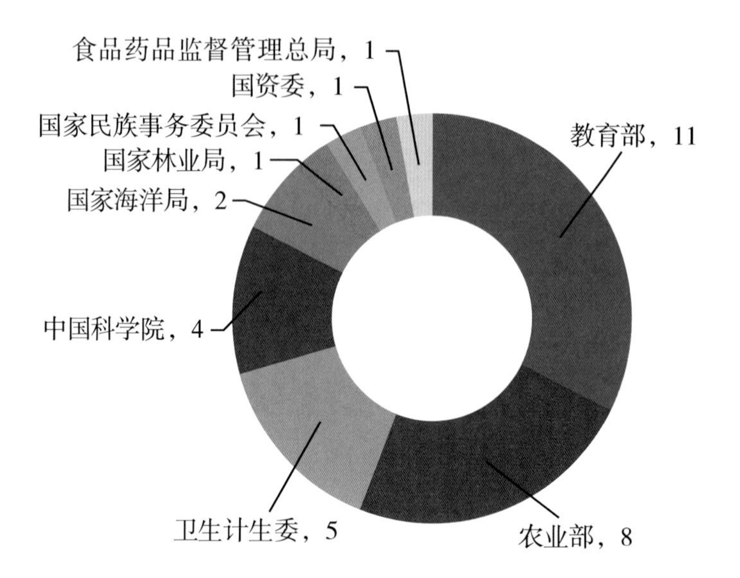


图 2-6 微生物种质资源中央级保藏机构分布情况（单位：个）

其中，保藏量居前的 10 家微生物菌种保藏机构所保藏的微生物资源总量达 232 763 株，占全国资源总量的 46.55%（表 2-11）。

表 2-11 主要微生物种质资源保藏机构情况

| 序号 | 保藏机构名称 | 依托单位 | 库藏资源总量 / 株 | 保藏资源全国占比 |
|---|---|---|---|---|
| 1 | 中国普通微生物菌种保藏管理中心 | 中国科学院微生物研究所 | 55 714 | 11.14% |
| 2 | 中国药学微生物菌种保藏管理中心 | 中国医学科学院医药生物技术研究所 | 45 000 | 9.00% |
| 3 | 中国典型培养物保藏中心 | 武汉大学 | 38 627 | 7.73% |
| 4 | 中国海洋微生物菌种保藏管理中心 | 国家海洋局第三海洋研究所 | 19 381 | 3.88% |
| 5 | 中国林业微生物菌种保藏管理中心 | 中国林科院森林生态环境与保护研究所 | 17 129 | 3.43% |
| 6 | 中国农业微生物菌种保藏管理中心 | 中国农业科学院农业资源与农业区划研究所 | 16 872 | 3.37% |
| 7 | 中国工业微生物菌种保藏管理中心 | 中国食品发酵工业研究院 | 11 594 | 2.32% |
| 8 | 中国医学细菌保藏管理中心 | 中国食品药品检定研究院 | 10 511 | 2.10% |

续表

| 序号 | 保藏机构名称 | 依托单位 | 库藏资源总量/株 | 保藏资源全国占比 |
|---|---|---|---|---|
| 9 | 广东省微生物菌种保藏管理中心 | 广东省微生物研究所 | 9833 | 1.96% |
| 10 | 中国兽医微生物菌种保藏管理中心 | 中国兽医药品监察所 | 8102 | 1.62% |
| 合计 | | | 232 763 | 46.55% |

### 3.2.2 重要库馆介绍

（1）中国普通微生物菌种保藏管理中心

中国普通微生物菌种保藏管理中心（China General Microbiological Culture Collection Center，CGMCC）是我国主要的微生物资源保藏和共享利用机构。作为国家知识产权局指定的保藏中心，承担用于专利程序的生物材料的保藏管理工作。1995 年中心经世界知识产权组织批准，获得布达佩斯条约国际保藏单位的资格。目前，中心保存各类微生物资源 55 714 株，5700 余种。中心保藏微生物基因组和元基因文库超过 100 万个克隆，用于专利程序的生物材料 12 000 余株，专利生物材料保藏数量位居全球 45 个布达佩斯条约国际保藏中心的第 2 位。中心于 1979 年由科技部（原国家科委）批准成立，隶属于中国科学院微生物研究所。是国家微生物资源共享服务平台 9 家国家级微生物保藏中心之一，也是世界微生物菌种保藏联合会（WFCC）成员之一。中心现有资源库面积 700 $m^2$，冻干库 270 $m^2$，液氮罐容积 20 000 L，超低温冰箱数 14 个。2010 年成为我国首个通过 ISO 9001 质量管理体系认证的保藏中心。作为公益性的国家微生物资源保藏机构，CGMCC 致力于微生物资源的保护、共享和持续利用，围绕我国生命科学研究、生物技术创新和产业发展等重大需求，探索、发现、收集国内外的微生物资源，妥善长期保存管理；在保证生物安全和保护知识产权的前提下，为工农业生产、卫生健康、环境保护、科研教育提供微生物物种资源、基因资源、信息资源和专业技术服务。

（2）中国药学微生物菌种保藏管理中心

中国药学微生物菌种保藏管理中心（China Pharmaceutical Culture Collection，CPCC）是国家级药学微生物菌种保藏管理专门机构，承担着药学微生物菌种的收集、鉴定、评价、保藏、供应与国际交流等任务。目前，中心所保藏的各类微生物资源已达45 000株。资源来源丰富多样，包括北极、南极、海洋、沙漠、药用植物等特殊生境。中心于1979年由科技部（原国家科委）批准成立，是国家微生物资源共享服务平台9家国家级微生物保藏中心之一，也是世界微生物菌种保藏联合会（WFCC）成员之一。中心收藏菌种以放线菌和真菌为特色，具有抗细菌（包括抗耐药菌和抗结核分枝杆菌）、抗病毒、抗真菌、抗肿瘤和酶抑制剂等多种生物活性。菌种主要包括4类，已知微生物药物产生菌、历年筛选过程中获得的多种生理活性物质产生菌、生物活性检定菌株和模式菌株，以及新药筛选菌株。CPCC拥有完善的菌种保藏和管理基础设施，现有资源库面积170 $m^2$，冻干库50 $m^2$，液氮罐容积2200 L，超低温冰箱数10个。中心采用低温和超低温冻结法、冷冻干燥法、矿物油保藏法等多种方法保藏微生物菌株。中心每年为国内外生产企业和科研教育机构提供数千株微生物菌株。

（3）中国典型培养物保藏中心

中国典型培养物保藏中心（China Center for Type Culture Collection，CCTCC）是我国培养物保藏的专业机构之一，作为国家知识产权局指定的保藏中心，承担用于专利程序的生物材料的保藏管理工作。1995年经世界知识产权组织（WIPO）审核批准，成为布达佩斯条约国际确认的微生物保藏单位。保藏各类微生物资源38 627株，其中专利微生物7872余株，微生物模式菌株1000余株。中心于1985年经教育部（原国家教委）批准成立，是国家微生物资源共享服务平台9家国家级微生物保藏中心之一，也是世界微生物菌种保藏联合会（WFCC）成员之一。中心现有资源库面积150 $m^2$，冻干库100 $m^2$，液氮罐容积3320 L，超低温冰箱数6个。于2015年通过GB/T 19001—2008《质量管理体系要求》、GB/T 24001—2004《环境管理体系要求及使用指南》、GB/T 28001—2011《职业健康安

全管理体系要求》3个质量管理体系认证。2004年CCTCC建立教学实验微生物资源网络数据库，开展各类培养物的保藏、生物样品的冷冻干燥、菌种鉴定与功能检测、微生物群落分析及相关技术培训等服务项目。

（4）中国海洋微生物菌种保藏管理中心

中国海洋微生物菌种保藏管理中心（Marine Culture Collection of China，MCCC）是专业从事海洋微生物种质资源保藏管理的公益基础性资源保藏机构，负责全国海洋微生物种质资源的收集、整理、鉴定、保藏、供应与国际交流。目前库藏海洋微生物19 381株，整合了包括国家海洋局第三海洋研究所、国家海洋局第一海洋研究所、中国极地科学研究中心、中国海洋大学、厦门大学、香港科技大学、青岛科技大学、山东大学威海分校、华侨大学、中山大学10家涉海科研院所在内的近海、深海与极地的微生物种质资源。中心从2004起进入建设阶段，目前挂靠于国家海洋局第三海洋研究所，是国家微生物资源共享服务平台9家国家级微生物保藏中心之一。MCCC中心设有冷冻真空干燥菌种保藏库、液氮冻结菌种保藏库和超低温冰箱冻结菌种保藏库。中心现有资源库面积130 $m^2$，冻干库16 $m^2$，液氮罐容积3600 L，超低温冰箱数20个。MCCC海洋菌种资源种类新颖多样，应用潜力巨大。从分离的海域看，已经涵盖了国内海洋微生物所有的分离海域和生境，来源多样，除了我国各近海，还包括三大洋及南北极。有较多的嗜盐菌、嗜冷菌、活性物质产生菌、重金属抗性菌、污染物降解菌、模式弧菌、光合细菌、海洋放线菌、海洋酵母及海洋丝状真菌等。

（5）中国林业微生物菌种保藏管理中心

中国林业微生物菌种保藏管理中心（China Forestry Culture Collection Center，CFCC）是国家级林业微生物菌种保藏管理专门机构，承担着林业微生物菌种收集、鉴定、评价、保藏、供应与国际交流等任务。目前保藏微生物资源17 129株，基本涵盖了我国现有林业微生物种质资源的多样性，代表了我国林业微生物种质资源的特色和优势，是我国保藏林业微生物资源种类最多、数量最大、实力最强、产生社会效应最为广泛的林业微生物菌种保藏机构。中心于1985年由科技部（原国家科委）批准成立，现挂靠中国林业科学研究院森林生态环境与保护研究所，是国家微生物资源共享服务平台 9 家国家级微生物保藏中心之一。中心现有资源库面积 255 $m^2$，冻干库 60 $m^2$，液氮罐容积 5200 L，超低温冰箱数 3 个。采用冷冻干燥、超低温液氮保藏、无菌水保藏及活体保藏等方法保藏微生物菌株。中心收集保藏了大量珍贵的林业微生物种质资源，包括松茸、灵芝、猴头菌等与林业经济发展关系密切的珍贵野生食、药用微生物资源，杨树溃疡病菌、木腐菌和松材线虫等较系统的林业重大危险性、检疫性病原物资源，苏云金杆菌、白僵菌和淡紫拟青霉等较全面的重大森林生物灾害生物防控用微生物资源，耐盐碱、干旱和固氮等与森林生态环境及其保护关系密切的微生物种质资源等。

（6）中国农业微生物菌种保藏管理中心

中国农业微生物菌种保藏管理中心（Agricultural Culture Collection of China，ACCC）是专业从事农业微生物菌种保藏管理的国家级公益性机构，中心现保藏各类农业微生物资源 16 872 株，涵盖了国内几乎所有微生物肥料、微生物饲料、微生物农药、微生物食品、微生物修复、食用菌等领域相关的农业微生物资源。中心于 1979 年由科技部（原国家科委）批准成立，现挂靠中国农业科学院农业资源与农业区划研究所，是国家微生物资源共享服务平台牵头单位，也是世界微生物菌种保藏联合会（WFCC）成员之一。经过长时间的运行，中心在农业微生物资源保存、质量体系建设等方面取得长足发展。中心现有资源库面积 500 $m^2$，冻干库 60 $m^2$，液氮罐容积 1500 L，超低温冰箱数 14 个，通过冷冻干燥、液氮超低温、-80℃低温冷冻及液状石蜡等多种保藏方式，保障微生物种质资源的安全长期保藏。中心于 2015 年通过 GB/T 19001—2008《质量管理体系要求》、GB/T 24001—2004《环境管理体系要求及使用指南》、GB/T 28001—2011《职业健康安全管理体系要求》3 个质量管理体系认证。

（7）中国工业微生物菌种保藏管理中心

中国工业微生物菌种保藏管理中心（China Center of Industrial Culture Collection，CICC）是国家级工业微生物菌种保藏管理专门机构，负责全国工业微生物资源的收集、保藏、鉴定、质控、评价、供应、进出口、

技术开发、科学普及与交流培训。目前，中心保藏各类工业微生物种质资源 11 594 株，主要包括细菌、酵母菌、霉菌、丝状真菌、噬菌体和质粒，涉及食品发酵、生物化工、健康产业、产品质控和环境监测等领域。中心于 1979 年由科技部（原国家科委）批准成立，是国家微生物资源共享服务平台 9 家国家级微生物保藏中心之一，也是国际菌种保藏联合会（WFCC）成员之一。中心现有资源库面积 100 $m^2$，冻干库 34 $m^2$，液氮罐容积 1000 L，超低温冰箱数 5 个。采用低温冷藏、低温冷冻、超低温冷冻和液氮保存为主的菌种保藏方法保藏微生物菌株。中心近年来加强国际交流与合作，于 2012 年率先在菌种保藏、加工、销售、鉴定评价、检测和菌种进口六大领域全面通过 ISO 9001—2008 质量管理体系认证。

（8）中国医学细菌保藏管理中心

中国医学细菌保藏管理中心（National Center for Medical Culture Collections，CMCC）为国家级医学细菌保藏管理中心，中心目前保藏各类国家标准医学菌（毒）种 10 551 株，涵盖了几乎所有疫苗等生物药物的生产菌种和质量控制菌种。中心于 1979 年由科技部（原国家科委）批准成立，目前挂靠中国食品药品检定研究院，是国家微生物资源共享服务平台 9 家国家级微生物保藏中心之一，也是世界微生物菌种保藏联合会（WFCC）成员之一。中心设有钩端螺旋体、霍乱弧菌、脑膜炎奈瑟氏菌、沙门氏菌、大肠埃希氏菌、布氏杆菌、结核分枝杆菌、绿脓杆菌等专业实验室。中心现有资源库面积 70 $m^2$，冻干库 60 $m^2$，液氮罐容积 50 L，超低温冰箱数 10 个。以真空冷冻干燥管保藏为主，同时包括 -80℃冷冻保藏和液氮保藏。中心已于 2015 年通过 ISO 9001：2008 质量管理体系认证。中心向国内外疾病控制机构、医学科研院所、医学教学机构、食品 / 药品和生物制品生产企业、质量检验和检测机构提供国际和国家标准医学菌种资源共享服务，每年可向国内 500 余家单位提供研究、教学、检验及生产用标准医学菌种 10 000 余份，共享次数为 1000 多次。

（9）中国兽医微生物菌种保藏管理中心

中国兽医微生物菌种保藏管理中心（China Veterinary Culture Collection Center，CVCC）是唯一的国家级动物病原微生物菌种保藏机构，专门从事兽医微生物菌种（包括细菌、病毒、原虫和细胞系）的收集、保藏、管理、交流和供应。目前中心收集保藏各类微生物资源 8102 株。中心于 1979 年由科技部（原国家科委）批准成立，设在中国兽医药品监察所，同时，在中国农科院哈尔滨兽医研究所、兰州兽医研究所和上海兽医研究所设立分中心，负责部分菌种的保藏、管理。是国家微生物资源共享服务平台 9 家国家级微生物保藏中心之一。中心现有资源库面积 946 $m^2$，冻干库 100 $m^2$，液氮罐容积 1925 L，超低温冰箱数 20 个。主要采用超低温冻结和真空冷冻干燥保藏法，长期保藏细菌、病毒、虫种、细胞系等各类微生物菌种。中心除向国内相关研究单位和企业提供研究、产品生产和检验用标准菌毒种外，还负责动物病原微生物菌毒种进出口的技术审核工作。作为世界菌种保藏联合会数据库的成员，中国兽医微生物菌种保藏管理中心与世界大多数的菌种保藏机构建立了广泛的联系。

### 3.2.3 微生物种质资源共享服务平台建设与服务情况

国家微生物资源共享服务平台于 2003 年开始启动，2011 年通过科技部、财政部考核和认定后转入运行阶段，是首批通过认定的国家科技基础条件平台之一。由农业部主管，联合其他 7 个部门 9 个法人单位共同管理，以 9 个国家级微生物资源保藏机构为核心组建的科技部基础条件平台之一。该平台整合了我国农业、林业、医学、药学、工业、兽医、海洋、基础研究、教学实验九大领域的微生物资源，涵盖古菌、细菌、真菌及其他原生生物；向我国高校、科研院所、检验检疫机构、企业等提供资源实物和信息共享、菌种鉴定和保藏、技术培训等服务。国家微生物资源共享服务平台各类资源保藏库和配套服务实验室在平台建设中得到了长足的发展，保藏条件和水平基本能达到国际先进水平。目前平台资源库面积达 3021 $m^2$，冻干库 750 $m^2$，液氮罐容积 38 795 L，超低温冰箱数 102 个，以 5 种不同的保藏方式保证库藏微生物种质资源能够得到长期、安全、稳定的保藏。

国家微生物资源共享服务平台微生物资源整合数量呈现稳定增长趋势，2013 年平台新增资源 9630 株，2014 年新增 8633 株，2015 年新增

资源达到 14 928 株。截至 2015 年年底，国家微生物资源共享服务平台库藏资源达到 206 795 株，可共享菌株数达 136 330 株（图 2-7），已整合微生物资源占国内资源总数（50 万株）的 41.4%，占全世界微生物资源保存总量（2 542 930 株）的 8.13%，且均长期安全保藏。近年来，平台更是注重特殊生态环境（如盐碱地、沙漠、高寒高海拔、深海、极地等）来源资源的整合、模式菌株的引进及专利菌株的保存，极大地丰富了库藏资源的多样性，为科学研究与行业创新储备了大量优质资源。国家微生物资源共享服务平台中国普通微生物资源子平台（中国普通微生物菌种保藏管理中心）保藏用于专利程序的生物材料 12 000 余株，实验教学微生物子平台保藏专利培养物 4000 余株，微生物模式菌株 1000 余株。

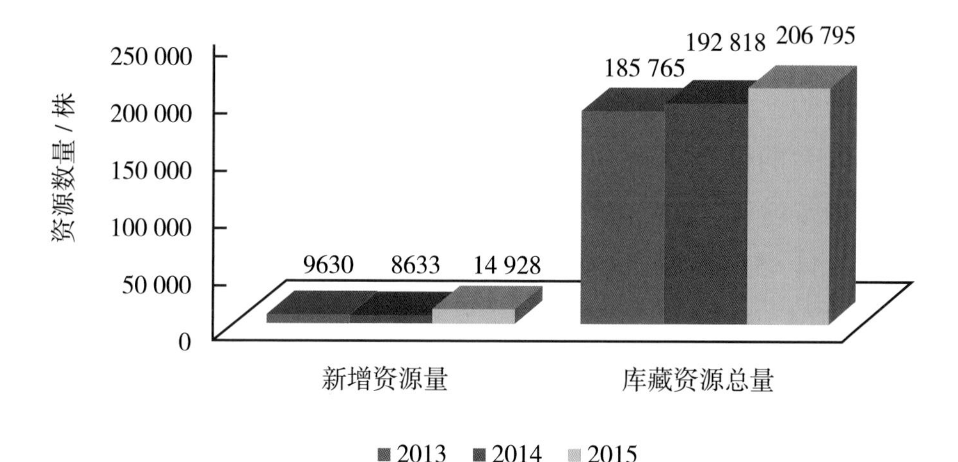


图 2-7　国家微生物资源共享服务平台 2013—2015 年新增资源数量及库藏资源总量情况

国家微生物资源共享服务平台拥有一支结构合理、组成稳定的人员队伍。截至 2015 年，全职为平台工作的人员 211 人，其中运行管理人员 21 人，技术支撑人员 105 人，共享服务人员 52 人，其他 33 人（图 2-8）；编制内人员 121 人，外聘 58 人，其他 32 人。间接为平台工作的人员达 3200 人。近年来，平台更加注重高层次人才的引进，同时积极开展从业人员的内部培训，提升人员的技能水平与科学素质。

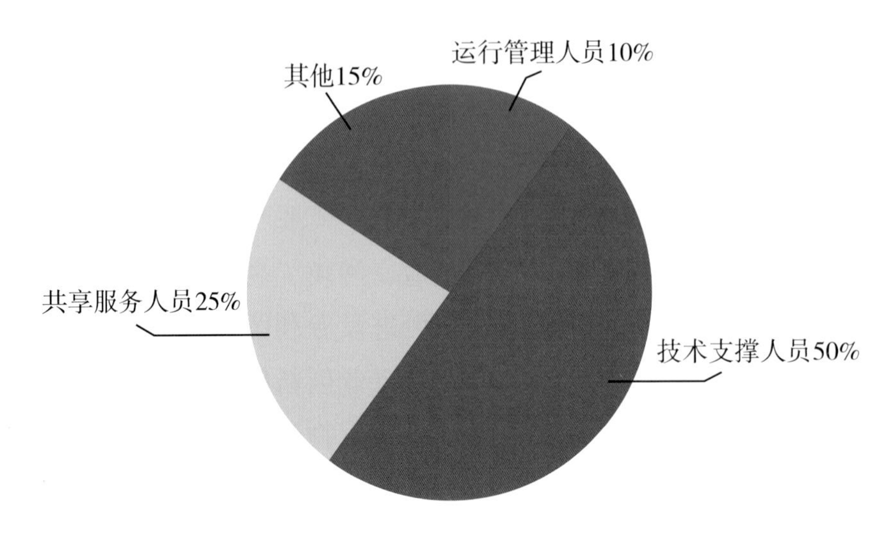


图 2-8 国家微生物资源共享服务平台 2015 年运行人员结构组成

国家微生物资源共享服务平台是我国微生物菌种和技术服务的主要机构，提供的服务内容包括实物资源共享、菌种鉴定、菌种保藏、技术培训及服务等。其中向社会共享提供实物微生物资源是国家微生物资源共享服务平台的核心服务内容。国家微生物资源共享服务平台服务用户单位数量稳步增长，2015 年达到 8692 个（图 2-9），提供的实物资源共享数达到 154 452 株次，同比增长 67.7%（图 2-10）。2015 年，平台对外菌种供应 66 190 株次，其他实物（发酵液和筛选物）服务 88 262 份次；对外提供技术服务 10 783 株次，菌种保藏 1301 株次，鉴定检测服务 299 株次，技术转让 146 项。

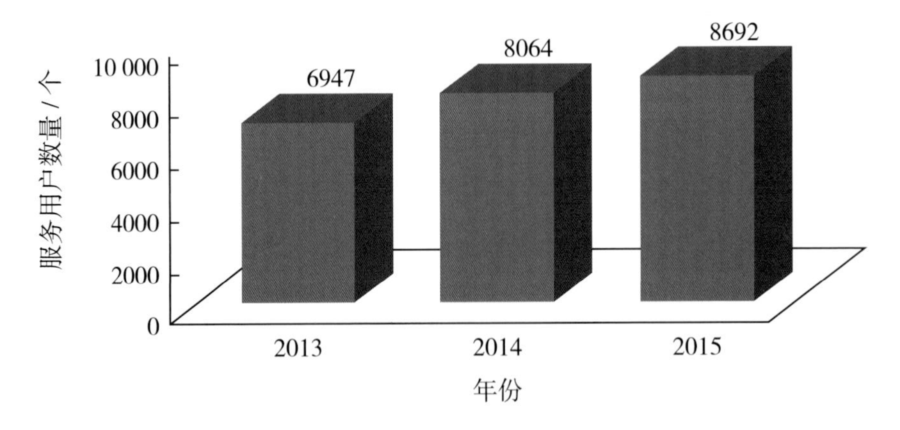


图 2-9 国家微生物资源共享服务平台 2013—2015 年服务用户单位情况

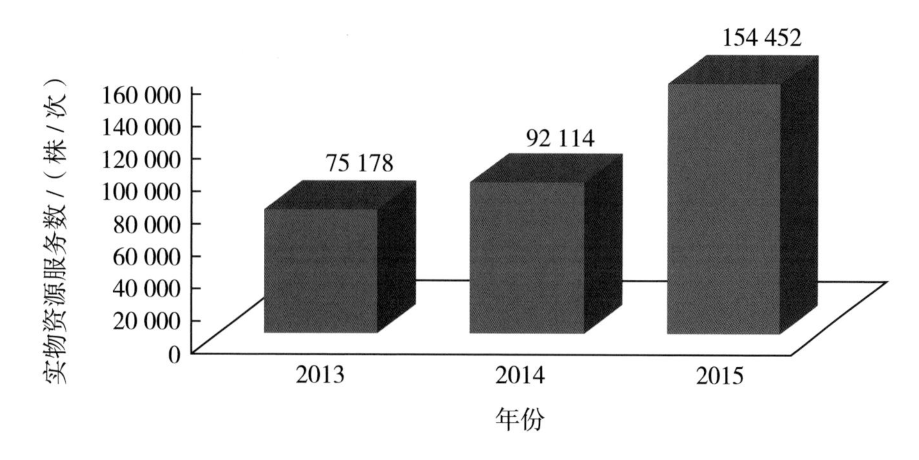


图 2-10　国家微生物资源共享服务平台 2013—2015 年对外实物资源服务情况

2015 年，国家微生物资源共享服务平台为 952 项国家或省部级科技项目（课题）提供支撑服务（图 2-11），同比增加 53.8%，其中国家级科技重大专项课题 / 任务 44 项、国家“973”计划项目专题 39 项、国家“863”计划课题 60 项、国家级科技支撑课题 37 项、国家自然科学基金 286 项、省部级项目 159 项。支撑发表论文 601 篇，其中 SCI 论文 357 篇。平台申请专利 45 项，支撑专利申请 430 项。支撑获得科技成果 17 项。

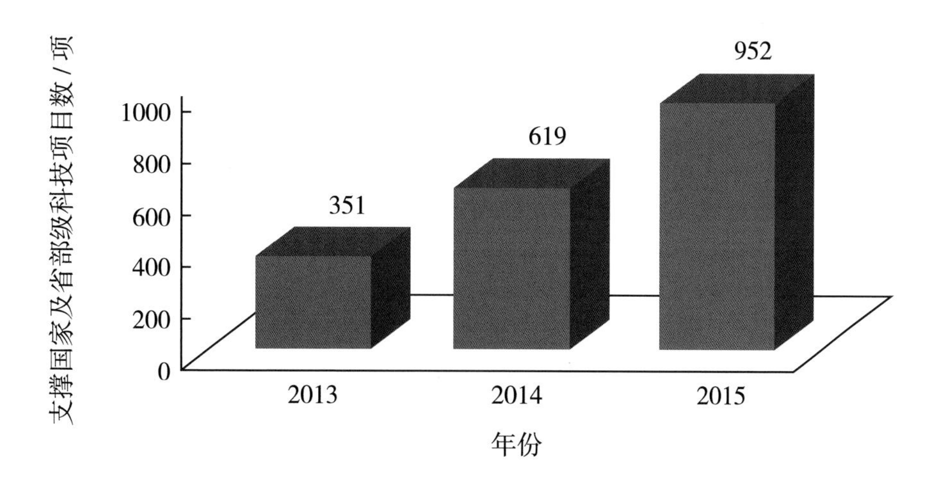


图 2-11　国家微生物资源共享服务平台 2013—2015 年支撑国家及省部级科技项目情况

国家微生物资源共享服务平台 2015 年信息咨询人数达 52 475 人次，为 5016 家企业提供了技术支撑服务。医学子平台为企业提供疫苗生产菌株和质控菌株，为企业乃至生物制药行业带来了丰厚的经济效益，极大地推进了我国生物技术产业的发展。目前，国内主要生物制药企业生产脑膜炎奈瑟氏菌、b 型流感嗜血杆菌及肺炎链球菌疫苗所用生产菌株基本均由国家微生物资源共享服务平台提供，据不完全统计，每年产生的经济效益多达 15 亿元以上。兽医子平台在 2015 年为 92 家兽用生物制品企业提供了 65 株共计 345 支菌毒种，确保了这些企业 135 个产品的生产和检验，约占兽用生物制品品种总量的 55%，为企业带来的直接经济效益为 28 亿元。工业子平台在 2015 年通过平台服务降低的企业投入成本高达 2.8 亿元，据不完全统计，平台服务对象实现的经济效益总额超过 30 亿元。

### 3.3 微生物种质资源支撑科技创新与经济社会发展

微生物资源是国家重要的生物资源之一，是微生物学科研究与教学、微生物产业及生物技术产业发展的重要物质基础。微生物的应用已遍及农林牧渔生产、产品加工、环保、医药、食品、化工及能源等诸多领域。通过以下几个案例，可以充分说明微生物在科技创新及经济社会发展中起着重要的支撑作用。

（1）支撑重大新药创制课题“抗 G- 耐药菌新药的发现与研发”

近年来，革兰氏阴性杆菌耐药问题日益严重，突出表现在耐碳青霉烯类抗生素的肠杆菌科细菌，其中肺炎克雷伯杆菌（10%）、鲍曼不动杆菌（60%）、铜绿假单胞菌（60%）耐药最为严重，临床治疗困难。2009 年，英国人首先报道了在印度新德里发现的第 1 例产 NDM-1 超级耐药肺炎克雷伯菌株感染病例，这种超级细菌对几乎所有的临床常用抗菌药物，包括治疗革兰氏阴性杆菌“王牌药”碳青霉烯类抗生素都呈现耐药性，其后，美国、加拿大、日本、韩国、澳大利亚、比利时和我国香港等地区相继有感染病例报道，引起全球高度关注。

国家微生物资源共享服务平台积极贯彻科技部、财政部“整合、共享、完善、提高”的方针，针对日益严重的、几乎无药可用的革兰氏阴性耐药菌的全球性重大问题，集中国家微生物资源共享服务平台多个子

平台可用于药物筛选的菌株，利用药学微生物资源子平台的筛选，以及国家抗感染评价平台的新药评价优势，初步建立抗革兰氏阴性菌的阳性菌种库及发酵样品库。该平台以重大新药创制专项课题“抗 G- 耐药菌新药的发现与研发”为服务对象，通过与“抗感染药物药效评价平台”对接，对阳性样品的抗耐药菌活性进行了评价，得到了抗耐药菌的多株阳性菌及流份样品；通过实物共享方式，为“抗 G- 耐药菌新药的发现与研发”专项课题的牵头或参加单位提供筛选得到的阳性微生物菌种资源，为保障国家重大科技专项课题顺利实施、新型抗 G- 耐药菌药物的发现及形成我国发现抗 G- 耐药菌的原始创新态势打下坚实的物质基础。

（2）开发标准菌株产品，保障国家食品安全

在全球范围内，致病微生物已超过食品化学污染，成为食源性疾病和食品安全的罪魁祸首。围绕食品安全相关标准，衍生出一系列用于微生物检验的标准菌株产品，其作为微生物标准实施与贯彻所必需的标准物质，对食品安全风险监控的结果起决定作用。2009 年，我国通过了《中华人民共和国食品安全法》，明确了以食品安全标准为科学依据进行管理的总体思路。2010 年至今，我国陆续颁布及更新了 40 余个食品微生物学检验国家标准，与国际先进食品安全法规体系快速接轨。但与此同时，我国的标准菌株产品市场却被美国、法国、日本等国家所垄断，形成了中国标准受制于国外标准菌株产品的不正常现象。

国家微生物资源共享服务平台工业子平台承担了“十二五”国家科技支撑计划“传统发酵食品制造危害微生物检验控制标准菌株的研究与应用”（2012BAK17B11）子课题，针对“食品安全国家标准食品微生物学检验标准”涉及的阳性对照菌和培养基质控微生物进行研究开发，于 2014 年推出我国首套、包括 110 余株菌株、具有自主知识产权的标准菌株及其衍生产品。本套标准菌株产品一经问世，便取得了良好的市场反馈，覆盖全国肉制品、水产品、粮食制品、豆制品、果蔬制品、饮料、调味品、包装饮用水等食品领域，保障了我国食品安全法规的顺利实施，避免了企业由于微生物安全监控问题带来的经济损失，促进了我国食品微生物安全监管的规范化和标准化发展。

（3）利用微生物合成及其生物制造，实现阿维菌素大规模产业化

阿维菌素科研攻关的难点在于大规模产业化。齐鲁制药充分发挥自身优势，与中国农业大学、华东理工大学、江南大学、中国科学院微生物研究所等科研机构密切合作，通过长期艰苦攻关，采用诱变育种、基因改造和工艺优化等方式，探索出成熟稳定的生产技术，并不断优化生产工艺，使最初几百个生产单位的生产水平一举跃升至目前 9000 个单位，革命性地提高了产业化水平。

我国阿维菌素产业化水平的大幅提高，降低了生产成本，极大提高了药品的可及性，对保证人民医药健康，粮食、农产品安全，畜牧业发展等多个重大基础领域具有十分重要的意义。同时，也打破了国外巨头的市场垄断，此前长期垄断阿维菌素产品的美国默克公司，因中国具有国际竞争技术优势已将其全面停产。

不仅如此，由于齐鲁制药不断科研攻关，使阿维菌素产业化水平达到世界领先并造福全球。对此，因发现阿维菌素而获得 2015 年诺贝尔奖的大村智还专程来中国表示感谢。他特别提到，每年 2 亿非洲人因应用中国生产的阿维菌素而幸免于河盲症。该项目获得 2016 年度国家科技进步奖二等奖。

（4）利用微生物修复技术与应用，改善煤矿区土地生态系统

煤矿开采造成大面积土地塌陷与破坏，煤矸石的大量堆放，使矿区土地生态系统更为脆弱，煤矿区复垦与生态重建成为煤炭工业绿色开采的重要内容。神东煤炭集团公司联合中国矿业大学（北京）、内蒙古农业大学等国内科研院校，针对西部干旱、半干旱煤矿区土地复垦过程中存在的塌陷地土壤肥力低下、煤矸石废弃地理化性状差、植被根系受损、生态系统脆弱等重大技术难题，利用微生物（主要为丛枝菌根真菌）复垦新技术从根本上挖掘土壤中潜在的肥力，改善废弃基质理化性质，修复受损根系，加速养分的生物循环，增加生态系统的多样性、稳定性与可持续性。为西部干旱、半干旱煤矿区土地复垦和生态修复探索出一条高效可行的新路，形成了 4 项煤矿区微生物复垦关键技术，填补了国内外空白，并在陕西、内蒙古、宁夏和新疆等西部干旱、半干旱矿区全面

推广应用，获得显著的经济、生态和社会效益。该项目获得了2015年国家科学进步奖二等奖。

撰稿专家：张瑞福、周宇光、刘柳、马俊才、吴林寰

# 4 标本资源

## 4.1 标本资源保藏情况

### 4.1.1 标本资源

标本是指保持原样供学习、研究、展示、保存的生物、化石、岩石、矿物和陨石等。

生物标本是指保存实物原样或经过特殊加工和处理后，保存在生物标本馆或博物馆中的各种类型的动物、植物及微生物完整个体或其一部分。生物标本是人们认识和研究生物最基本的原始资料和命名凭证，是特定时空中生物多样性的最好见证，也是人类研究和监测生物物种动态变化的科学依据。随着全球生物多样性信息学的快速发展，生物标本数字化成为生物多样性信息学的一个重要方面，从而引发了世界各国快速进行标本资源数字化的浪潮。

### 4.1.2 标本资源国际保藏情况

随着社会进步和经济的发展，科学家们越来越深刻地认识到标本资源对于自然科学发展的重要性，各地政府也意识到标本资源是政府做出资源保护、资源可持续利用、生态环境保护、国家安全等相关决策的重要基础。国际上比较著名的标本馆藏单位有英国自然历史博物馆和法国国家自然历史博物馆等。不同类型标本保藏量的世界排名情况见表2-12。

英国自然历史博物馆位于伦敦市中心西南部的南肯辛顿区，是各国

动物分类学家经常查阅标本的场所之一。博物馆总建筑面积为4万多平方米，馆内大约藏有世界各地的7000万份标本，其中昆虫标本有2800万份，藏书50万种。

法国国家自然历史博物馆建立于1793年，位于巴黎，前身为皇家药用植物园，起初为药用的功能，后来开始专注自然史，专注于人类开发对环境影响的研究和教育工作。该馆集世界丰富、罕见的动植物和矿物标本之大成，实物标本馆藏量达950万份，拥有植物园、动物园、古生物馆和比较解剖馆、矿物馆、古植物馆和昆虫馆、人类馆等建筑。

表 2-12　不同类型标本保藏量的世界排名

| 类型 | 第1名 | 第2名 | 第3名 |
| --- | --- | --- | --- |
| 植物标本 | 美国（7320万份） | 法国（2150万份） | 英国（2080万份） |
| 动物标本 | 美国（7200万份） | 英国（6100万份） | 法国（4000万份） |
| 岩矿化石标本 | 美国（6244万份） | 英国（1458万份） | 德国（1201万份） |
| 极地陨石标本 | 美国（20 360块） | 日本（15 741块） | 中国（12 665块） |

#### 4.1.3　标本资源国内保藏情况

截至2015年，我国生物标本保藏量已经达到3300万份，位居世界前列。其中植物标本1600万份，国家标本资源共享服务平台参建单位植物标本保藏量约1427万份；动物标本国内总量约2800万份，平台参建单位动物标本保藏量为1700万份；岩矿化石标本国内总量约130万份，平台参建单位资源保藏量为80万份；极地陨石标本国内总量12 665块（表2-13）。

我国动物标本主要保藏在中国科学院动物研究所、中国科学院昆明动物研究所、中国科学院成都生物研究所等32家单位；植物标本主要保藏在中国科学院植物研究所、中国科学院昆明植物研究所和中国科学院华南植物园等33家单位；岩矿化石标本主要保藏在中国科学院南京地质古生物研究所、中国科学院古脊椎动物与古人类研究所、中国地质博物

馆等 8 家单位；极地陨石标本全部保藏在中国极地研究中心等 8 家平台参建单位或标本馆内。

表 2–13　我国不同类型标本资源国内总量及平台参建单位保藏量

| 类别 | 植物标本 | 动物标本 | 岩矿化石标本 | 极地标本 |
|---|---|---|---|---|
| 国内总量 | 1600 万份 | 2800 万份 | 130 万份 | 12 665 块 |
| 平台参建单位保藏量 | 1427 万份 | 1700 万份 | 80 万份 | 12 665 块 |

### 4.1.4　资源国内外整体情况对比

国际上标本馆藏量大国主要是美国、法国、英国、德国等。从馆藏量来看，我国动物标本馆藏量最多的国家动物博物馆的馆藏量为 761 万份，植物标本馆藏量最多的中国科学院植物研究所标本馆的馆藏量为 265 万份，与全球馆藏量最大的法国国家自然历史博物馆的 950 万份实体标本数量相比仍有差距。

从数字化建设和共享方面来看，美国的 iDigBio 平台有超过 9500 万条的数字化标本共享，澳大利亚生物地图集（Atlas of Living Australia，ALA）的平台也有超过 4606 万条记录共享。我国数字化标本有超过 1200 万条记录，占馆藏量的 37%，标本图片有 485 万条记录，彩色照片有 824 万多条记录，物种名称共 317 万条记录，文献达 4.6 万条记录，仍有很大的发展空间。

## 4.2　国内标本资源库建设情况

### 4.2.1　总体情况

截至 2015 年，标本平台参建单位从 2003 年的 7 个发展到 139 个，其中 69 个保藏机构隶属于中央级单位，70 个保藏机构隶属于地方单位。隶属于中央级的保藏机构中，24 个隶属于中国科学院、2 个隶属于国家林业局、34 个隶属于教育部、3 个隶属于国家海洋局、4 个隶属于国土资源部、1 个隶属于中国农业科学院、1 个隶属于中国医学科学院（图 2–12）。

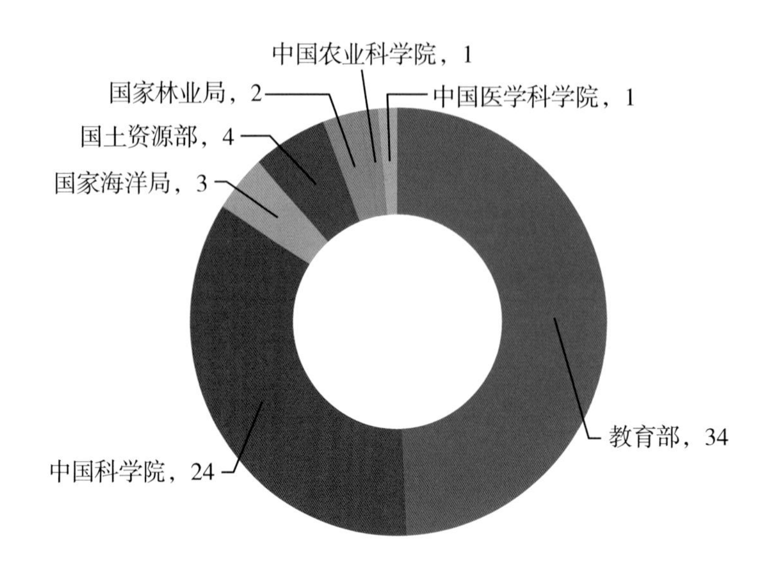


图 2-12　标本资源中央级保藏机构分布情况（单位：个）

### 4.2.2　重要库馆介绍

（1）中国科学院植物研究所植物标本馆

中国科学院植物研究所植物标本馆是一个占地面积约为 1 万平方米的大型植物标本馆，其馆藏植物标本 265 万号左右，其中包括 18 万号蕨类植物标本，20 万号苔藓标本，此外还有 8 万号种子标本和 7 万号植物化石标本。据统计，馆藏标本涵盖了已完成的 80 卷 126 册的巨著《中国植物志》中所记载的全部高等植物中约 80% 的苔藓类、95% 的蕨类和 80% 的种子植物；此外，该馆还妥善保存着 17 000 余份模式标本，这些模式标本涉及已经发表的 6000 余个分类群。就馆藏标本数目和整体规模而言，中国科学院植物研究所植物标本馆名列亚洲地区植物标本馆之首；就馆藏种子标本的数目而言，中国科学院植物研究所植物标本馆位居世界第三；在国内外植物分类学研究领域中，特别是在东亚植物的研究领域中具有举足轻重的地位。馆内保藏有蜡叶标本，还有少量瓶装种子标本、浸制标本、切片标本和教育展示标本；保存方式主要是柜式和玻璃器皿。通过实物共享与数据对外提供服务。

标本馆的研究队伍是一支结构合理、学术水平高的精干队伍。包括国内外知名的老一代学者，以及在本领域做出较大成绩并在国内外享有

较高声誉的科学家和新生力量。标本馆管理人员的主要职责包括标本采集、分科、装订、消毒、标本入柜、接待来访人员、标本数据录入、数据更新、标本交换、标本馆内务等，目前队伍共有 110 人。中国科学院植物研究所植物标本馆为科研、科普服务，特别是为泛喜马拉雅植物志（Flora of Pan-Himalaya）、中国植物志（Flora of China）、中国高等植物图鉴等提供基础数据支撑。“十二五”期间，依托标本及相关信息的支持，出版论著 64 部，发表 SCI 收录论文 40 篇。

（2）国家动物博物馆

国家动物博物馆位于北京，上级主管部门是中国科学院。它是随着我国各级各类生物标本馆的发展而逐渐壮大的，尤其是二十世纪五十年代自标本馆开始建立到七八十年代组织的大规模科学考察，成为现在动物标本资源馆藏的基础。目前资源保藏量为 761 万号左右，采集范围主要以我国各地为主，也包括部分采自世界其他国家的标本。动物标本资源包括昆虫整体、幼虫、动物皮张、骨骼、卵、胚胎、组织、巢穴、化石等实物标本资源，也包括与这些标本和物种相关的照片、图片、录音、摄像、文献等，以及对这些资源进行数字化整理的数据资源。通过标本实物共享与数据对外提供服务。

### 4.2.3 标本资源共享服务平台建设与服务情况

国家标本资源共享服务平台（National Specimen Information Infrastructure，NSII）（网址：http：//www.nsii.org.cn/）是生物多样性信息学在我国快速发展的产物，是国家科学技术部认定并资助的国内最大的生物多样性数据共享平台。标本平台汇集了植物、动物、岩矿化石和极地资源等标本照片、名录、文献和图片信息，从 2003 年开始建设，2013 年正式上线。

国家标本资源共享服务平台由中国科学院植物研究所牵头，下设植物标本、动物标本、教学标本、保护区标本、岩矿化石标本和极地标本 6 个子平台，100 多家参建单位，涉及中国科学院、教育部、国土资源部、国家海洋局和国家林业局等主管部门。平台目前工作人员有 285 人，其中运行管理人员 52 人，技术支撑人员 153 人，共享服务人员 80 人。

国家标本资源共享服务平台的发展经历了 2 个阶段。第一阶段（2003—2008 年）：原始数据积累阶段。这个阶段资助的项目包括名录数据库类、分布数据库类、志书类、野外考察类、基因水平的物种数据库。第二阶段（2011—2016 年）：标本数据快速增长与专题服务共存的阶段。这一阶段国家标本资源共享服务平台的各类标本数据均有迅速增长。由于科技部资金及时， 在发展标本数字化的同时，六大子平台围绕着标本开展了不少的专题研究，如珍稀濒危植物专题、濒危兽类专题等。平台在数据积累的基础上突出了数据共享和专业数据服务，数据共享及针对性的专业数据服务是这一阶段的主要特征。

国家标本资源共享服务平台经过十几年的建设，不断采集新标本，同时挽救了一批馆藏标本，培养了专业人才队伍，为科研、科普、教学和政府决策提供了必要的支撑。同时，标本平台积极与全球生物多样性信息网络（Global Biodiversity Information Facility，GBIF）、生命大百科（Encyclopedia of Life，EOL）、生物多样性文献图书馆（Biodiversity Heritage Library，BHL）等机构合作，促进了自身发展，并提高了国际影响力。

目前，国家标本资源共享服务平台已经成为拥有 1200 多万份数字化标本的大数据平台。标本平台汇集了植物、动物、岩矿化石和极地资源 4 类标本，139 家共建单位。不同类型的标本在不同单位的馆藏量有所不同，具体统计数据见表 2–14。

表 2–14　不同类型标本馆藏量统计

| 序号 | 标本类型 | 单位名称 | 资源保藏数量 / 号 | 已经完成的数字化数量 / 条 | 单位所在地（市） | 主管部门 |
|---|---|---|---|---|---|---|
| 1 | 植物标本 | 中国科学院植物研究所 | 2 650 000 | 2 026 988 | 北京 | 中国科学院 |
| 2 | 植物标本 | 中国科学院昆明植物研究所 | 1 400 000 | 806 551 | 昆明 | 中国科学院 |
| 3 | 植物标本 | 中国科学院华南植物园 | 1 050 000 | 810 000 | 广州 | 中国科学院 |
| 4 | 植物标本 | 江苏省中国科学院植物研究所 | 700 000 | 410 000 | 南京 | 江苏省、中国科学院 |

续表

| 序号 | 标本类型 | 单位名称 | 资源保藏数量 / 号 | 已经完成的数字化数量 / 条 | 单位所在地（市） | 主管部门 |
| --- | --- | --- | --- | --- | --- | --- |
| 5 | 植物标本 | 西北农林科技大学 | 700 000 | 200 000 | 杨凌区 | 教育部 |
| 6 | 植物标本 | 四川大学 | 650 000 | 520 000 | 成都 | 教育部 |
| 7 | 植物标本 | 广西中国科学院广西植物研究所 | 500 000 | 380 000 | 桂林 | 广西壮族自治区、中国科学院 |
| 8 | 植物标本 | 重庆市中药研究院 | 330 000 | 70 000 | 重庆 | 重庆市科委 |
| 9 | 植物标本 | 中山大学 | 260 000 | 175 000 | 广州 | 教育部 |
| 10 | 植物标本 | 中国科学院武汉植物园 | 240 000 | 139 991 | 武汉 | 中国科学院 |
| 11 | 植物标本 | 华中师范大学 | 230 000 | 150 000 | 武汉 | 教育部 |
| 12 | 植物标本 | 云南大学 | 220 000 | 150 000 | 昆明 | 教育部 |
| 13 | 植物标本 | 南京大学 | 150 000 | 90 000 | 南京 | 教育部 |
| 14 | 植物标本 | 兰州大学 | 130 000 | 80 000 | 兰州 | 教育部 |
| 15 | 植物标本 | 厦门大学 | 100 000 | 40 000 | 厦门 | 教育部 |
| 16 | 植物标本 | 武汉大学 | 100 000 | 75 600 | 武汉 | 教育部 |
| 17 | 植物标本 | 内蒙古农业大学 | 91 039 | 79 252 | 呼和浩特 | 内蒙古自治区教育厅 |
| 18 | 植物标本 | 新疆农业大学 | 80 000 | 78 000 | 乌鲁木齐 | 新疆维吾尔自治区教育厅 |
| 19 | 植物标本 | 北京师范大学 | 70 000 | 20 000 | 北京 | 教育部 |
| 20 | 植物标本 | 西南大学 | 70 000 | 70 000 | 重庆 | 教育部 |
| 21 | 植物标本 | 北京大学 | 68 000 | 68 000 | 北京 | 教育部 |
| 22 | 植物标本 | 复旦大学 | 65 000 | 25 000 | 上海 | 教育部 |

续表

| 序号 | 标本类型 | 单位名称 | 资源保藏数量/号 | 已经完成的数字化数量/条 | 单位所在地（市） | 主管部门 |
|---|---|---|---|---|---|---|
| 23 | 植物标本 | 甘孜州林业局 | 53 500 | 28 000 | 康定 | 四川省林业厅 |
| 24 | 植物标本 | 南京农业大学 | 50 000 | 45 000 | 南京 | 教育部 |
| 25 | 植物标本 | 山西大学 | 40 000 | 20 000 | 太原 | 山西省教育厅 |
| 26 | 植物标本 | 中国科学院西北高原生物研究所 | 34 000 | 235 000 | 西宁 | 中国科学院 |
| 27 | 植物标本 | 内蒙古师范大学 | 33 000 | 2000 | 呼和浩特 | 内蒙古自治区教育厅 |
| 28 | 植物标本 | 贵州大学（林学院） | 30 000 | 22 500 | 贵阳 | 贵州省教育厅 |
| 29 | 植物标本 | 西华师范大学 | 30 000 | 5000 | 南充 | 四川省教育厅 |
| 30 | 植物标本 | 曲阜师范大学 | 15 000 | 15 000 | 曲阜 | 山东省教育厅 |
| 31 | 植物标本 | 贵州梵净山国家级自然保护区 | 10 440 | 9480 | 铜仁 | 贵州省林业厅 |
| 32 | 植物标本 | 浙江大学 | 10 000 | 70 000 | 杭州 | 教育部 |
| 33 | 植物标本 | 华侨大学 | 10 000 | 9000 | 厦门 | 福建省教育厅 |
| 34 | 动物标本 | 中国科学院动物研究所 | 7 610 000 | 744 364 | 北京 | 中国科学院 |
| 35 | 动物标本 | 中国农业大学 | 1 700 000 | 43 006 | 北京 | 教育部 |
| 36 | 动物标本 | 河北大学博物馆 | 1 600 000 | 170 000 | 保定 | 河北省教育厅 |
| 37 | 动物标本 | 西北农林科技大学 | 1 400 000 | 198 129 | 杨凌区 | 教育部 |
| 38 | 动物标本 | 南开大学 | 1 200 000 | 100 000 | 天津 | 教育部 |
| 39 | 动物标本 | 上海昆虫博物馆 | 1 170 000 | 66 884 | 上海 | 中国科学院 |
| 40 | 动物标本 | 中国科学院昆明动物研究所 | 780 556 | 339 096 | 昆明 | 中国科学院 |
| 41 | 动物标本 | 中山大学 | 740 000 | 282 793 | 广州 | 教育部 |

续表

| 序号 | 标本类型 | 单位名称 | 资源保藏数量/号 | 已经完成的数字化数量/条 | 单位所在地（市） | 主管部门 |
| --- | --- | --- | --- | --- | --- | --- |
| 42 | 动物标本 | 华南师范大学 | 200 000 | — | 广州 | 广东省教育厅 |
| 43 | 动物标本 | 中国林业科学研究院森林生态环境与保护研究所 | 186 000 | 75 000 | 北京 | 国家林业局 |
| 44 | 动物标本 | 中国科学院西北高原生物研究所 | 160 000 | 40 000 | 西宁 | 中国科学院 |
| 45 | 动物标本 | 西南大学 | 140 000 | 32 300 | 重庆 | 教育部 |
| 46 | 动物标本 | 四川大学 | 120 000 | 80 000 | 成都 | 教育部 |
| 47 | 动物标本 | 中国科学院成都生物研究所 | 103 286 | 103 286 | 成都 | 中国科学院 |
| 48 | 动物标本 | 南京师范大学 | 80 000 | 30 000 | 南京 | 江苏省教育厅 |
| 49 | 动物标本 | 兰州大学 | 50 000 | 40 000 | 兰州 | 教育部 |
| 50 | 动物标本 | 云南大学 | 50 000 | 20 000 | 昆明 | 教育部 |
| 51 | 动物标本 | 湖南省林业科学院 | 50 000 | 1472 | 长沙 | 湖南省林业厅 |
| 52 | 动物标本 | 贵州师范大学 | 35 000 | 19 000 | 贵阳 | 贵州省教育厅 |
| 53 | 动物标本 | 南昌大学 | 30 000 | 14 133 | 南昌 | 江西省教育厅 |
| 54 | 动物标本 | 华中师范大学 | 30 000 | 15 000 | 武汉 | 教育部 |
| 55 | 动物标本 | 四川省林业科学研究院 | 17 000 | 4000 | 成都 | 四川省林业厅 |
| 56 | 动物标本 | 新疆农业大学 | 16 000 | 8000 | 乌鲁木齐 | 新疆维吾尔自治区教育厅 |
| 57 | 动物标本 | 西华师范大学 | 15 000 | 4000 | 南充 | 四川省教育厅 |
| 58 | 动物标本 | 广东车八岭国家级自然保护区 | 11 350 | 421 | 韶关 | 广东省林业厅 |

续表

| 序号 | 标本类型 | 单位名称 | 资源保藏数量 / 号 | 已经完成的数字化数量 / 条 | 单位所在地（市） | 主管部门 |
|---|---|---|---|---|---|---|
| 59 | 岩矿化石 | 中国科学院南京地质古生物研究所 | 138 000 | 29 000 | 南京 | 中国科学院 |
| 60 | 岩矿化石 | 中国地质博物馆 | 120 000 | 24 452 | 北京 | 国土资源部 |
| 61 | 岩矿化石 | 中国科学院古脊椎动物与古人类研究所 | 61 000 | 21 600 | 北京 | 中国科学院 |
| 62 | 岩矿化石 | 中国地质大学（北京） | 50 000 | 36 000 | 北京 | 教育部 |
| 63 | 岩矿化石 | 中国地质大学（武汉）逸夫博物馆 | 30 000 | 15 000 | 武汉 | 教育部 |
| 64 | 岩矿化石 | 吉林大学 | 20 000 | 7700 | 长春 | 教育部 |
| 65 | 极地标本 | 中国科学院海洋所（生物库） | 780 000 | 2208 | 青岛 | 中国科学院 |
| 66 | 极地标本 | 中国极地研究中心（陨石库） | 12 665 | 2893 | 上海 | 国家海洋局 |
| 67 | 极地标本 | 中国地质科学院地质力学研究所（岩矿库） | 1500 | 783 | 北京 | 国土资源部 |
| 68 | 极地标本 | 中国极地研究中心（雪冰库） | 1100 米 | 7 根 | 上海 | 国家海洋局 |
| 69 | 极地标本 | 中国科学院青藏所（岩矿库） | 831 | 1079 | 北京 | 中国科学院 |
| 70 | 极地标本 | 中国极地研究中心（生物库） | 484 | 484 | 上海 | 国家海洋局 |
| 71 | 极地标本 | 中国科技大学（沉积物） | 300 | 97 | 合肥 | 中国科学院 |
| 72 | 极地标本 | 中国极地研究中心（沉积物） | 134 | 242 | 上海 | 国家海洋局 |

注：截至 2015 年年底。

国家标本资源共享服务平台高度重视平台中心“开放共享，积极服务”的原则，在做好数字化建设的同时，主动推行开放共享，让现有标

本数据更好地为科研、科普服务。以国家标本资源共享服务平台为对象，“十二五”期间，标本实物共享1224万号，平台总访问量达647万人次。支撑科学研究发表论文768篇、论著85部、获得专利4个，支撑各级科研项目663项。平台的服务获得了社会各界好评。

### 4.3 标本资源支撑科技创新与经济社会发展

（1）标本平台资源信息支撑国家新能源开发

“中国高等植物红色名录”是中国科学院植物所主持的国家环境保护部项目，其主要目的是在对现有植物信息（包括标本）进行系统收集整理的基础上，组织全国专家评估和制定中国高等植物红色名录。该名录已经于2013年9月由环境保护部和中国科学院联合网上发布。

四川大学陈放教授课题组，利用标本平台的资源信息，对能源植物——麻疯树的分布、生物学特性及生理学特性进行研究，并在我国四川攀枝花地区的干热河谷地带申请了国家重大支撑开发项目——生物柴油的种质资源及生物柴油的开发。特别是引入企业（中海油集团）资金达20亿元，进行以麻疯树为原材料的生物柴油开发工作。现在已向全国和世界推广种植能源植物——麻疯树，为国家新能源开发提供资源信息和技术支撑作用。

（2）国家动物博物馆标本馆为出入境检验检疫局提供支撑

2014年，国家动物博物馆标本馆为江苏省出入境检验检疫局提供馆藏定名检验检疫性昆虫标本实物用于物种核对，提供仪器设备用于图像采集，并从国家标本平台数据库中调用物种分布、文献等信息，提供给该单位用于生产实践。在平台的支持和配合下，江苏省出入境检验检疫局在检验检疫标本特征图像采集及信息建设方面得到了急需的资料信息，也为我国检验检疫标本的数字化建设提供了经验。在与对方合作的过程中，国家标本平台了解到一些口岸在进口木材及木质包装物检验检疫时，面临着鉴定随进口物品入境的有害昆虫物种的难题。为此，该平台组织人员在已有数据的基础上，对进口木材及木质包装物检验检疫害虫数据进行进一步的整合、汇总、补充，形成专题数据库，提供给有需求的生产单位。根据对江苏省出入境检验检疫局馆藏及技术队伍的考察，动物标本子平台已将该单位正式纳入 2016 年工作成员单位。

（3）“花伴侣”植物识别系统为社会提供服务

植物标本子平台开展了专题“花伴侣”植物识别系统和“植物达人秀”植物考试系统的开发与应用。“花伴侣”植物识别系统是以中国植物图像库海量植物分类图片为基础，由植物子平台基于深度学习开发的植物识别应用。用户只需要拍摄植物的花、果、叶等特征部位，即可快速识别植物。“花伴侣”能识别中国野生及栽培植物 3000 属，近 5000 种，几乎涵盖身边所有常见花草树木。植物识别与鉴定评测系统“植物达人秀”，精选鉴定准确、特征鲜明的 1600 个物种，每个物种 2 ~ 3 张照片，在此基础上开发了植物识别评分网站。网站的内容主要包括：微信登陆、分享、植物识别作答、个人中心、答题解析、评分排行榜等，供读者进行自测，让更多的植物爱好者通过测试，能了解自己的水平和在同类爱好者中的成绩排名。上线后，总增答题量达 60 000 次，极大地提高了植物爱好者的兴趣（网址为：http：//drs.iplant.cn/）。

（4）标本馆荣获“全国三八红旗集体”称号

中国科学院动物研究所国家动物博物馆标本馆是亚洲最大的生物标本馆，下设 6 个实体标本分馆和 1 个数字化分馆。长期以来，动物标本馆的女职工们在工作中兢兢业业、任劳任怨，在生活中团结友爱、互相帮助，在平凡的工作岗位上取得了不平凡的业绩。

在标本信息数字化项目中，她们全面负责、步步把关，付出了大量的心血和努力。在标本馆牵头承担国家自然科技资源共享平台“标本资源的标准化整理、整合及共享平台”项目期间，原馆长乔格侠研究员全身心投入本项工作，积极组织本部门职工和参建单位同行，按照项目标准要求，起草标本数字化标准，并在所有参建单位中严格执行；其他职工，特别是女职工在做好标本馆日常运行工作的同时，加班加点开展标本数字化整理工作，并严把数据质量关，确保所有数据符合要求。通过大家齐心协力奋斗，到目前，已经搭建了全国最大的动物标本数字化平台——国家数字动物博物馆（www.museum.ioz.ac.cn），整合了全国几十家主要

标本收藏单位的动物标本资源，实现了大量标本信息共享；自主研发的动物标本信息录入软件——动物信息系统，在全国多家标本馆和河北等多个省级科技平台数据库中采用；完成的几十部动物标本描述标准与规范已经出版，在全国该领域发挥了学科引领作用。可敬的女职工们在动物标本数字化建设中发挥着不可替代的重要作用。2011年，标本馆荣获“全国三八红旗集体”称号。

撰稿专家：马克平、陈铁梅

# 5 人类遗传资源

## 5.1 人类遗传资源保藏情况

### 5.1.1 人类遗传资源

人类遗传资源是指含有人体基因组、基因及其产物的器官、组织、细胞、血液、制备物、重组脱氧核糖核酸（DNA）构建体等遗传材料，以及携带的遗传信息和基因组整合注释工具。其中，遗传信息（Genetic Information）是指人类生殖细胞为复制与自己相同的重组脱氧核糖核酸（DNA）并传递给子代，或各体细胞每次分裂时由细胞传递给细胞的信息，即碱基对的排列顺序。

### 5.1.2 人类遗传资源国际保藏情况

21世纪以来，生命科学、信息科学与临床医学深度融合，生物医学科技创新高度活跃，发展理念与研究模式显著转变，对健康和疾病的认知逐渐深入，主要趋势表现为现代网络信息技术与医学的不断融合，大型队列、人类遗传资源库、基因组大数据和整合注释工具日益成为当前生命科学和生物医学创新的源泉；以人类遗传资源库、基因组大数据和整合注释工具为基础，多元化资源高度整合集成的创新模式日益显现。

美国率先提出人类遗传资源库标准规范和伦理制度，推动其与健康医疗数据库融合，在引领全球人类脑与认知科学、精准医学及人类胎盘组等生命科学领域大科学计划，推动全球转化医学发展中发挥了核心作用。

（1）北美人类遗传资源库组织情况

北美有影响力的人类遗传资源库组织包括：1999 年成立的国际生物和环境资源样本库协会（International Society for Biological and Environmental Repositories，ISBER），2005 年由美国国立癌症研究所（National Cancer Institute，NCI）成立的生物样本库和生物样本研究办公室（Office of Biorepository and Biospecimen Research，OBBR），以及 2003 年加拿大设立的公共人群基因组项目（Public Population Project in Genomics，P3G）。国际生物和环境资源样本库协会是美国病理研究学会（American Society for Investigative Pathology，ASIP）下辖的一个分支机构，负责建立人类遗传资源库的规范和标准，利用培训等方式推动人类遗传资源库建设。此外，ISBER 设置了若干个专门件的工作组，通过白皮书或其他出版物，及时解决人类遗传库建设过程中遇到的问题，主要包括自动化工作组、融资工作组、科学工作组、临床工作组、环境工作组、信息和情报工作组、知情同意工作组、制药学术工作组，以及人体组织样本的权利和控制工作组，通过这些工作组的工作，推进 ISBER 在人类遗传资源库建设过程中各个领域内的专业性和权威性。美国国立癌症研究所（National Cancer Institute, NCI）成立的人类遗传资源库研究办公室（OBBR），主要工作是建立共同的人类遗传资源库标准，确保高效保存生物样品使其适用于基因组和蛋白质组研究，推广普及最佳操作规范，改进最佳实践规范，促进发展质量标准，建立专业第三方标准监督机构，以及发展人类遗传资源库业务新技术等。加拿大公共人群基因组项目（P3G），主要任务是促进人口健康领域人类遗传资源库的优化设计和工作协调，推动世界各地的基因组研究，为预防疾病、调整药品和其他治疗方案提供支撑保障。

（2）欧洲人类遗传资源库组织情况

1999 年成立的英国人类遗传资源库（UK Biobank）是世界最大的医疗资源数据库和人类遗传资源库，于 2006 年开始运营，目前搜集了 50 万份

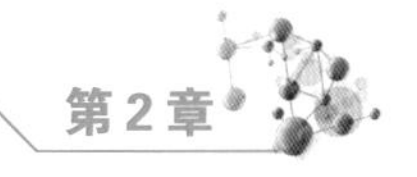

来自英国各地40～69岁人口捐赠的样本。该机构由英国卫生部、医学研究理事会、苏格兰行政院及惠康信托医疗慈善基金共同出资成立，属于非营利慈善机构。该人类遗传资源库的样本主要来自于公众志愿者的捐赠，样本包括血样、尿样、遗传数据和生活方式等个人医疗详细信息；其建设的目的就是试图通过结合这些志愿者过去多年累积下来的医疗资料和对其生活方式及习惯等进行的跟踪研究，找到那些引发大范围环境压力和对生命健康造成威胁的因素。该人类遗传资源库向研究“遗传和环境的复杂互作与患病危险”的研究人员提供其所采集的材料，研究英国人的健康状况受生活方式、环境和基因影响的情况，寻求对癌症、心脏病、糖尿病、关节炎和老年痴呆等疾病的预防、诊断和治疗的更好途径。目前已经完成50万人的样本搜集工作，全英国大约20所著名的大学参与其建设及科研工作。

欧盟于2008年建设的泛欧洲生物体样本库与生物分子资源研究设施（Biobanking and Biomolecular Resources Research Infrastructure，BBMRI），是欧盟研究基础战略路线图的重要组成内容，主要目的是整合和升级欧洲现有生物样品收集、技术和专家资源共享服务平台，扩大和维持欧洲研究和产业，提高生物医学和生物领域在全球范围内的竞争力；主要工作是提供不同形式的生物样本（DNA、组织、细胞、血液和其他体液）及相关医疗、环境、生活方式和随访数据存储，支持大人群研究、临床案例/对照人群研究，制备保藏生物分子资源，包括抗体和亲和分子库、siRNA文库、蛋白、细胞资源等，建立高通量分析技术平台和其他工具性技术，制定并实施生物样品管理、数据库和生物计算基础设施的统一标准，组织伦理、法律和社会服务等。

欧盟还规划了其他基础设施，其中欧洲高级医药研究转化基础设施（European Infrastructure For Translational Medicine，EATRIS）和欧洲临床研究基础网络（European Clinical ResearchInfrastructures Network，ECRIN）与BBMRI共同构成与从研究、发现到开发各个步骤相对应的人体生物样品管理的基础设施平台；通过整合结构生物学平台（INSTRUCT）、作为人体疾病模型小鼠功能基因组学平台（INFRAFRONTIER）与BBMRI等一起构成生物分子资源管理基础设施平台；而生物信息学基础设施

（European Life Science Infrastructure For Biological Information，ELIXIR）则是上述基础设施平台之间的数据共享平台。

（3）亚太地区人类遗传资源库组织情况

澳洲人群样本协作网络（Australian Biospecimen Network，ABN）是澳大利亚和新西兰所有与建设人类遗传资源库有关的社团联合成立的协作网络。该网络致力于推进人类遗传资源的共享和实现样本搜集、处理、分发过程中的统一标准，涉及范围涵盖从基本实验室项目到临床研究项目全部过程，特别是对于一些罕见的儿科肿瘤，通过这种网络的搜集和共享，使得研究者可以在短时间内获得足够数量的临床样本。

韩国国家研究资源中心（Korea National Research Resource Center，KNRRC）由韩国教育科技部支持建立，包括 33 个研究资源中心、5 个核心中心和 1 个核心协调机构。KNRRC 核心协调机构为各分样本库提供管理系统、建设指南、人员的教育和培训项目及样本库认证等活动，并依据韩国国家《生物资源管理和使用法》行使赋予的权力。

### 5.1.3 人类遗传资源国内保藏情况

2003—2010 年，在科技部资助下，“人类遗传资源”项目联合来自卫生计生委、教育部、公安部、总后卫生部、国家体育总局、中国科学院，以及地方所属高等院校、科研院所、临床医疗机构和生物医药企业的人类遗传资源，完成了我国主要人类遗传资源的标准化整理、保存与整合，建立了标准化的保藏库及由主体数据库和 20 个专题数据库组成的人类遗传资源数据中心。该中心开发了迄今为止我国规模最大、范围最广，且资源描述信息与实物一一对应的人类遗传资源门户网站，实施了从单位内部数据库、中国人类遗传资源门户网主体数据库直至中国科技资源共享网基础数据库的全程质量管理，实现了数据与实物的溯源和信息共享；研究制定了与人类遗传资源调查收集与整编共享相关的 24 个技术操作规范、12 个信息描述规范、13 个数据整编规范及 11 个伦理规范，在全国 32 个高等院校和科研院所进行了试验和应用，实现了人类遗传资源领域技术规范标准“零”的突破，为我国人类遗传资源的调查收集与

整编共享提供了统一的技术标准。这些工作有效地支持了我国重大科技工程和科技计划。

在上述工作的基础上，“十二五”以来，我国人类遗传资源在收集整理和挖掘利用方面不断发展。目前，我国人类遗传资源主要保藏在高等院校、科研院所、临床医院及生物技术企业，其具体储存形式主要是冰箱库和液氮库等，总量达到约1831万人份。资源主要包括我国特有民族构成的民族遗传资源、长期生活在特殊自然环境且具有特定生理体质或亚健康体质的人群构成的遗传资源、封闭人群和特殊表型家系遗传资源、健康体质遗传资源和环境与人体交互作用遗传多样性资源，以及常见慢性疾病、传染性疾病和罕见遗传性疾病等部分。综合上述工作基础，“十三五”期间主要围绕国家人类遗传资源共享服务平台，根据目前我国人类遗传资源的保存情况，结合生命科学及生物医药研究开发与应用需求，建立了科学的人类遗传资源目录分类体系，推动我国人类遗传资源整合共享与挖掘利用。

（1）中华民族遗传资源保藏情况

目前，国家人类遗传资源共享服务平台中华民族遗传资源主题已经整合了中国科学院遗传与发育研究所建立的中华民族永生细胞库，该遗传资源库包括我国42民族、58个群体的中华民族永生细胞系，公安部物证鉴定中心建立的汉族世居人群遗传资源库。

（2）特殊人群遗传资源保藏情况

目前，国家人类遗传资源共享服务平台特殊人群遗传资源主题已经整合了北京体育大学建立的中长跑优秀运动员遗传资源库，国家人类遗传资源中心与中国科学院心理研究所联合建立的创伤后应激障碍遗传资源库，以及北京医院建立的长寿人群（广西）遗传资源库。

（3）自然人群队列遗传资源保藏情况

目前，国家人类遗传资源共享服务平台特殊人群遗传资源主题已经整合了国家心血管病中心和北京高血压联盟研究所联合建立的全球城乡自然人群队列（中国）遗传资源库，该资源库覆盖了我国云南、青海、北京、江苏、山东、山西、陕西、辽宁、江西、内蒙古、新疆、四川12

个地区的城乡自然健康人群队列。

（4）重大疾病遗传资源保藏情况

目前，国家人类遗传资源共享服务平台重大疾病遗传资源主题已经整合了复旦大学附属华山医院建立的脑胶质瘤遗传资源库、上海交通大学医学院附属仁济医院建立的自身免疫性疾病遗传资源库、浙江大学医学院附属第二医院建立的大肠癌和乳腺癌遗传资源库、生物芯片上海国家工程研究中心建立的肿瘤遗传资源库、深圳国家基因库建立的鼻咽癌遗传资源库、中国高血压联盟与国家心血管病中心联合建立的全球心肌梗死遗传资源库（中国）等。

（5）生殖发育遗传资源保藏情况

目前，国家人类遗传资源共享服务平台生殖发育遗传资源已经整合了国家人类遗传资源中心与安徽医科大学联合建立的多囊卵巢综合征遗传资源库和缪勒氏管畸形遗传资源库，以及上海交通大学医学院附属新华医院建立的上海出生队列遗传资源库等。

### 5.1.4 人类遗传资源国内外情况对比

“十二五”以来，我国人类遗传资源在收集整理和挖掘利用方面不断发展，特别是医疗机构通过临床病例建立临床遗传资源库，储存量从几十万份迅速激增到目前的1800余万份，有力地推动了医学科技的发展。但是，我国的人类遗传资源库，尤其是临床遗传资源库与欧美还存在一定的差距，主要表现在：一是目前我国生物遗传资源大多分散储存，同质化和重复建设十分明显，而欧美人类遗传资源库已基本实现了集中存储、标准化管理与第三方运营；二是国内的遗传资源库尤其是临床遗传资源库大多借助日常临床诊疗环境存储样本，而欧美著名人类遗传资源库大多通过严格的科研设计收集生物样本，因此更具科研价值；三是国内大多数人类遗传资源库尚处于简单的存储阶段，而欧美的人类遗传资源库呈现通过现代网络信息技术与生命科学与医学科技前沿不断融合，大型队列、人类遗传资源库、基因组与健康医疗大数据日益成为当前生命科学和生物医学创新的源泉。由此可见，国际上以人类遗传资源库、基因组和健

康医疗大数据为基础，多元化资源高度整合集成的创新模式的优势日益显现，并在引领全球人类脑与认知科学、精准医学及人类胎盘组等生命科学领域大科学计划，推动全球转化医学发展中发挥了核心作用。

## 5.2 国内人类遗传资源库建设情况

### 5.2.1 重要人类遗传资源库介绍

（1）中华民族永生细胞库

由中国科学院遗传发育所牵头建立了中国 42 个民族 、58 个群体的永生细胞库，包括 3119 个永生细胞株和 6010 份 DNA 标本，是目前规模最大的、较为完整的中国各民族永生细胞库，可满足永久性研究的需要。通过不同民族常染色体微卫星位点（STRs）、Y 染色体 DNA 多态位点、线粒体 DNA 和 HLA 遗传多样性等的研究，初步阐明了中国不同民族的起源及民族间的相互关系，各民族基因组结构差别及其遗传学意义。针对我国少数民族分布的一些特殊性，进行了隔离人群遗传资源的调查与收集，如对基诺族、布朗族、怒族和独龙族等民族群体进行了大规模的遗传疾病调查。

（2）全球城乡自然人群队列（中国）遗传资源库

由国家心血管病中心和北京高血压联盟研究所联合建立的全球城乡自然人群队列（中国）遗传资源库，收集了来自全球五大洲不同经济水平的 18 个国家的 150 000 名成年人，其中 11% 来自高收入国家，包括瑞典和加拿大；21% 来自中高收入国家，包括阿根廷、巴西、智利、波兰、南非和土耳其；43% 来自中低收入国家，包括中国和哥伦比亚；25% 来自低收入国家，包括印度和津巴布韦。在中国，调查收集了云南、青海、北京、江苏、山东、山西、陕西、辽宁、江西、内蒙古、新疆及四川 12 个研究中心、115 个社区（城市 70 个，农村 45 个），总计 45 108 人。目前随访到第 12 年，保持率高达 98.2%，采集了个体健康状况、生活方式、饮食习惯和用药史等详细的信息，同时采集血样并分离制备成血清、血浆、白细胞、HbA1c 纸片及尿液，检测了空腹血糖、血肌酐、ALT、尿酸、甘油三酯、总胆固醇、高密度脂蛋白和低密度脂蛋白，在国家人类遗传资源中心保存各类样本50万份。

（3）上海出生队列遗传资源库

由上海交通大学医学院附属新华医院建立的上海出生队列遗传资源库，来自上海优生儿童队列和“千天计划”两个大型的出生队列，从孕前开始跟踪至儿童2岁，并建立与之相适应的信息采集管理系统和大型生物样本库，重点通过对每个家庭进行孕前，孕早、中、晚，分娩，产后的多次随访，填写问卷收集每个阶段家庭和个人的各种信息，收集的生物样本主要包括父亲的精液和血液，母亲的血液和尿液，孩子的脐血和胎盘等生物样本，其中血液可分为血清、血浆、血凝块、血沉棕黄层等。本资源库可为研究各种环境暴露因素对妊娠相关疾病、出生缺陷、儿童生长发育迟缓、肥胖等各种儿童期急性和慢性疾病，甚至成人疾病等的影响提供宝贵的实验材料。

（4）创伤后应激障碍遗传资源库

由国家人类遗传资源中心与中国科学院心理研究所联合建立的创伤后应激障碍遗传资源库，主要通过在发生重大自然灾害地区居民危机干预和心理辅导基础上，针对发生创伤后应激障碍（Posttraumatic Stress Disorder，PTSD）个体，即发生延迟性心因性反应的个体和匹配对照，采集唾液样本并提取基因组DNA，建立PTSD生物样本库；通过对其中部分个体进行遗传分析，建立PTSD基因分型数据库。本资源库为创伤后应激障碍医学、生物学研究提供研究对象和实验材料。

### 5.2.2 中国人类遗传资源共享服务平台建设与服务情况

中国人类遗传资源共享服务平台（National Infrastructure of Chinese Genetic Resources，NICGR）于2003年7月启动建设。根据《国家中长期科学和技术发展规划纲要》，中国人类遗传资源共享服务平台设定的总体目标是，建立起与人类遗传资源收集、保存、整合和共享要求相适应的，跨部门、跨地区、跨领域、布局合理、功能齐全、动态发展、技术先进并与国际接轨的中国人类遗传资源共享服务平台；解决人类遗传资源收

集、保存、整合和共享过程中的关键技术问题；实现我国人类遗传资源收集、整理、保存和共享的标准化、信息化和现代化，促进全国人类遗传资源共享事业的跨越式发展，并为科技创新与社会经济发展提供强有力的支撑，为全社会科技进步、人才培养与创新活动提供及时有效的支持。"十二五"期间，累计完成了723万份人类遗传资源共享服务，其中服务科研机构数量为474万份，服务企业数量达182.4万份。支撑国家重大专项（课题）77项、国家重大工程9项、"973"项目（课题）35项、"863"项目（课题）22项及科技支撑项目（课题）61项。

为进一步推动国家人类遗传资源开放共享，完善共享服务体系，充分发挥基础条件支持科技创新和经济社会发展的重要作用，在中国人类遗传资源共享服务平台建设工作基础上，2017年，人类遗传资源正式加入国家科技资源共享服务平台计划。新组织实施的国家人类遗传资源共享服务平台计划（National Infrastructure of Chinese Genetic Resources,NICGR），将通过建立区域创新中心、地方创新中心和技术创新中心等组织方式，不断探索跨库、跨域和跨境整合共享与创新利用的运行服务机制；通过建立标准中心、质量中心、计算中心和培训中心，不断提高人类遗传资源共享服务的质量与水平，促进人类遗传资源的高效利用。

### 5.3 人类遗传资源支撑科技创新与经济社会发展

利用从全国26个中心入选初发急性心梗的病例，建立了全球心肌梗死生物样本库（中国），将DNA和血浆等样本保留在该样本库中；进行了血脂的检测，阐述了9个重要的、可干预的危险因素，可以解释90%以上的心梗发病风险，其中以ApoB/ApoAI作为最重要的危险因素，研究结果发表在了《柳叶刀》杂志上。利用肿瘤遗传资源库，支撑清华大学等科研机构研发高通量纳升级反应荧光编码和分布式位置编码，以及微结构三维阵列集成等核心技术，推动单细胞和单分子检测等微液滴新型精密医疗检验设备的开发；服务碟式芯片三维阵列技术研发，支撑基于微型碟式芯片的即时检测（POCT）便携性小型精密医疗检验设备的开发转化。

撰稿专家：马旭、赵君

# 6 国家基因库资源

## 6.1 国家基因库总体情况

国家基因库于 2011 年 10 月由国家发展和改革委员会、财政部、工业和信息化部、卫生和计划生育委员会四部委正式批复建设，于 2016 年 9 月 22 日正式在深圳运行。国家基因库以共享、共有、共为，公益性、开放性、支撑性、引领性为宗旨。

## 6.2 国家基因库介绍

自 2016 年 9 月正式运营后，国家基因库已经在一期“干湿”库结合的基础上，拓展国家基因组库平台功能模块，初步完成生物资源样本库（湿库）、生物信息数据库（干库）、生物活体库（活库），以及数字化平台（读平台）、合成与编辑平台（写平台）所构成的“3 库 2 平台”的功能布局。

（1）生物资源样本库（湿库）

湿库既要保存亿万年进化的生命精华，如珍稀的植物资源、动物资源、微生物资源，也要保存亿万民众之生命根本，如疾病资源和健康人资源，包括血液、组织、细胞等。目前湿库已建立了出生缺陷库、罕见病库、癌症库、病原库、细胞资源库、种质资源库和微生物种质资源库等特色生物样本库，涉及样本 542.5 万份，各库具体情况如下：

**细胞资源库：**该库已经具备符合 GMP 要求的细胞生产制备和质量检测能力，建立起高水平的细胞制备储存技术、完善的技术质量管理体系和信息化管理系统，目前已开展“一生全覆盖”的细胞储存项目，包括新生儿干细胞和其他体细胞，可覆盖从 0 岁到各年龄段的成人（如新生儿脐带 / 胎盘组织干细胞、儿童脱落乳牙干细胞、成人牙髓干细胞、脂肪干细胞、皮肤细胞及免疫细胞）。同时还提供细胞存储服务（针对新生儿、

儿童、成人）、细胞建系与培养科研技术服务和细胞质量检测科研技术服务。

**种质资源库：**目前已经建立起种质资源处理和鉴定的能力，并搭建起一套包括出入库流程、干燥处理和保存管理等环节的种质资源管理体系。担负种子存储功能的中短期冷库已存储植物种质资源 8000 多份。丰富的种质资源结合完善的质量管理体系为动植物繁殖、研究和利用奠定基础，并为基因编辑技术和人工智能培育最高能量转化效率和最有经济价值的超级物种提供基础材料。

种质资源库已与国内外机构展开了广泛的合作，实现资源多样化和全球化，如与全球作物多样信托基金（Global Crop Diversity Trust，CROP TRUST）监管资助的 11 个基因库、“世界末日种子库”达成合作意向，通过合作收集和引进覆盖全球范围的珍稀濒危和其他优异物种，拟把斯瓦尔巴全球种子库储量 22.5 亿的种子进行基因测序，将所有资源数字化。在特色物种资源存储方面，已经建立了中国独有的谷子种质资源样本库，收集了 2540 份完整信息的谷子样本，完成 2489 份样本的测序工作，建成了存储 380 GB 基因组信息的数据库，并已向科研工作者开放。

**微生物种质资源库：**目前已经建立了微生物分离、筛选、鉴定和保藏的全套技术流程和管理规范。该资源库已具备研究肠道、土壤、海洋等来源微生物的能力，并建立了中国最大的肠道微生物菌种库，保藏有 5000 种、17 200 株肠道微生物资源，其中 2300 株完成测序，形成容量为 11.5 GB 的基因组数据库。同时，正在建设微生物高通量分离及鉴定技术体系。

湿库自建立以来，已经发布了 7 项深圳市地方标准，并获得了 6 项实用新型专利。7 项标准分别是《人类样本库建设与管理规范》《用于高通量测序研究的血液样本采集、处理、运输和储存规范》《人类间充质干细胞库建设与管理方案》《人类血液来源免疫细胞库建设与管理方案》《植物种质资源离体保存库建设规范》《动物种质资源库建设与管理规范》和《鱼类精子库建设与管理规范》。通过了质量体系三标认证（ISO 9001 质量管理体系、ISO 14001 环境管理体系、OHSAS 18001 职业健康与安全管理体系）和 ISO 15189 医学实验室质量和能力认可准则、ISO 17025 检测与校准实验室能力的通用要求、ISO 27001 信息安全管理体系认证。

湿库配有工作人员 31 人，拥有完善的质量管理和 7S 现场管理体系，共有 278 份文件，其中程序文件 31 份，SOP 文件 81 份，表格文件 166 份。在研项目包括深圳市《人类细胞资源应用研究中心》平台项目及国家自然科学基金委员会资助的科研项目。

湿库总存储样本量截至 2016 年已超过 1500 万份，涉及血液、核酸、细胞、组织等临床和科研样本。湿库共有存储面积 1265 $m^2$，低温存储设备 288 台，其中 -80℃冰箱 230 台，4℃、-20℃冷库共 10 间，4℃、-20℃、-40℃冰箱共 46 台，液氮系统 1 台，ASM（自动化低温存储系统）1 台，存储能力已达 2000 万份。

（2）生物信息数据库（干库）

干库一期主要建设内容为高性能数据中心、数据库运营管理系统及配套设施，以实现对数据存储总量达 500 PB 的访问支持，达到国际领先的基因组数据库规模。在规范和标准方面，已经完成生物信息数据库数据格式标准等多项地方、国家及国际标准的研究制定，同时正在研制基因信息数据采集、储存和管理等相关实施标准和技术规范。高性能数据中心在 2016 年 9 月 22 日基因库正式开幕后已对外提供业务服务，并由 40 位同事共同支撑起业务的部署、扩容与运营。从工作职能划分，团队分为数据库系统组、系统运营组、网络运营组、运营维护开发组、技术研究组、片区服务组及桌面服务组。

按照处理对象来分类，现阶段部署的基因数据库主要有 4 种类型：核酸序列数据库、基因组数据库、蛋白质序列数据库和生物大分子结构数据库。在“大数据共享”的理念下，干库开发完成了生物大数据时代的搜索引擎。通过统一的搜索引擎实现了 13 个数据库的整合，包括 3000 株谷子数据库、千种植物转录组 OneKP 数据库、万种鸟 B10K 数据库、千种昆虫转录组 1KITE 数据库、千种鱼转录组 FishT1K 数据库、万种线粒体 MT10K 数据库、癌症数据 DISSECT 库、人群 GEMAP/DHGV 数据库、DHGV 突变点数据库、免疫 PIRD 数据库、肿瘤 DISSECT 数据

分析系统（数据库）、微生物 HMD 数据库和罕见病 GDRD 数据库，共8000 个物种、300 个家族、34 000 个样本、5.5 亿条序列、1000 万个基因、3 亿个突变信息、300 个疾病信息、7000 个文献，关联 1 PB 可下载数据，可检索条目数达到 8.8 亿条。

干库的总数据存储量截至 2017 年已达 60 PB，以存储人体基因碱基对为例，干库现阶段能保存近 1900 万人次的人体数据，且实现 500 PB 的访问支持能力、300 万亿次的运算支撑能力，对外提供的日数据交互能力达 7.2 TB。同时，按照国家 A 级数据中心标准建设的干库，运营面积超 1200 $m^2$，机柜总数达 187 个，其中，20 kW 和 15 kW 的机柜数各为 25 个，10 kW 的机柜数为 128 个，6 kW 的网络机柜数为 9 个。

（3）生物活体库（活库）

瑞丽植物园属铜壁关国家自然保护区，原生植被区占 62% 以上。2016 年 12 月 24 日，国家基因库云南活体库和国家基因库云南分库瑞丽分中心在瑞丽植物园揭牌，并依托瑞丽植物园开展云南分库和分中心的组建运营。目前，已启动瑞丽植物园数字化工作，采集了部分植物物种新鲜叶片材料、凭证标本、图片、定位及生境等信息，逐步开展基因测序和信息解读，建成国内首个数字化植物园。

同时和青海、西藏政府合作，建立了国家基因库高原库，以保护高原动植物生物多样性、保存珍贵资源，并在资源保护的同时带动高原生命科学的研究和产业化发展的提升。已发布深圳市地方标准 5 项，2017 年新增发布 2 项。

生物活体库致力于建成中国的“挪亚方舟”，保存人类、动物、植物、微生物等生命活体资源，致力于生物多样性的引进、研究、应用、保护和重塑。建设以生物多样性示范基地及人类健康示范基地为核心的活体库，最大限度地保护地球上的动植物物种，以及保障人类生存与健康。目前云南活体库、青海高原活体库、西藏高原库等项目正在规划和建设过程中。

同时国家基因库还构建和开放 40 多个数据库，总访问量达 1.18 亿人次；千万级民生项目数据库，涵盖 HPV、地贫、耳聋等；基于“大数据共享”理念开发的生物大数据时代的搜索引擎——国家基因库信息库统一检索系统，已经整合了超过7000个物种/品种、27个人种、7万个样本、百万个基因、千万突变信息和关联1 PB原始数据量，实现总可检索条目数超过1亿条。

基于国家基因库已搭建的技术平台，基因库已开展技术输出、样本存储等对外服务项目。目前已开展支撑的临床检测样本、细胞等的样本存储服务达到千万余份，并在河南、安徽、云南、贵州、天津等地进行技术输出，建设支撑民生项目的资源样本库。

另外，基因库也提供数字化的基因测序服务，其产出的PB级测序数据已在精准医疗、农业育种、海洋开发、微生物应用、生物多样性等科研方向被广泛应用，极大地缩短了基础科研到科技成果转化应用的周期。

（4）数字化平台（读平台）

深圳国家基因库数字化平台致力于打造集自动化、标准化、高产高效于一体的，全球最大的公共测序数据产出平台，实现数字化地球、数字化生命，引领基因测序行业的发展，奠定我国在国际测序领域中的领先地位。日前数字化平台已装配150台桌面式测序仪BGISEQ-500和1台超级测序仪RevolocityTM，总数据产量最多可达到每年5 PB，相当于一年5万人全基因组或1000万产前筛查数据的产出规模。未来将持续引领全球基因组测序技术的发展，并不断升级扩展高通量测序仪集群的测序能力，5年规划数据产出最大能力为100 PB/年，达全球产量的50%，并实现测序成本逐年下降，持续保持全球最大的基因组测序平台的地位，实现技术领先、成本可控。

数字化平台已建设了一套标准化、自动化的基因测序系统，测序规模全国最大，可实现从样本文库处理到测序数据产出的全程自动化流水作业，正在开发的信息管理系统也将实现所有实验信息的可记录、可追踪、可溯源。该平台拥有一支近10年致力于测序行业发展的实验团队，共61人，经验丰富，具备完善处理各类动植物组织、血液、细胞、菌液、FFPE样品、DNA/RNA等的样本文库处理和测序能力，提供包括全基因组、全外显子、免疫组、转录组、肠道菌群Meta等多个领域的测序服务。

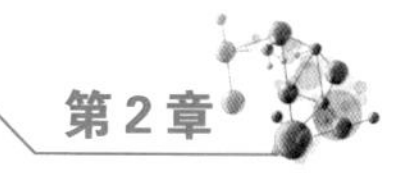

已经完成了全球 188 种重要农作物中 70%（130 种）农作物的全基因组测序。

目前正在筹备三标（ISO 9001/14001/18001）体系的认证工作，共有文件 157 份，其中综合管理手册 1 份，程序文件 24 份，SOP 文件 48 份，记录清单 84 份。

（5）合成与编辑平台（写平台）

深圳国家基因库合成与编辑平台致力于建设世界通量最大、成本最低、效率最高的基因组合成与编辑技术平台。在我国基因组测序分析能力全球领先的基础上，进一步打通基因组学从“解读”到“编写”的能力扩展，在基因组合成与编辑相关重要技术能力部署的全球竞争中占据主导、领先的地位。目前已达到年合成量千万碱基，成本低于市场平均价格 30% ~ 50%，未来国家基因库合成与编辑平台将持续跟踪全球最新技术发展和同行动态，3 ~ 5 年（中长期）实现年合成通量大于百亿碱基（10 GB），单碱基成本低于 0.05 元。实现基因编辑技术在环境、疾病、育种领域全覆盖，编辑效率优于全球平均水平 50%，脱靶率低于全球平均水平 50%，确保在该领域发展全球竞争中标志性成果明显、技术领先、成本可控。

目前合成与编辑平台人才队伍达到 40 人，其中博士及以上人才达到 30%，中高级人才占比 70%。团队在基因组合成领域的研究已积累了 6 年的工作基础，经验丰富。能独自编写开发基因组设计、切分软件，具备完善、先进的 DNA 合成、多片段 DNA 组装、酵母遗传转化等技术及实验平台，可以轻松地完成研究方案中大通量的片段设计、合成、组装、酵母转化、测序及表型实验验证等工作。科研成果以《科学》杂志封面专刊的形式发表，其他相关研究成果也已在 *Genome Research* 等著名杂志上发表，申请了十余项专利及软件著作权。

未来国家基因库合成与编辑平台可提供的技术服务包括：引物合成、文库合成、常规基因合成，以及序列的定制化设计优化、代谢通路合成、基因组定制化合成、基因编辑靶点设计、编辑载体构建、lenti 及 AAV 病毒载体构建、哺乳动物及人类细胞系缺失、插入及点突变编辑修饰、基因编辑后安全性评估、细菌基因组 Crispr-cas 新系统分析等。

## 6.3 国家基因库资源支撑科技创新与经济社会发展

自 2016 年 9 月正式运营后，国家基因库已在一期“干湿”库结合的基础上，拓展国家基因库平台功能模块，初步完成生物资源样本库（湿库）、生物信息数据库（干库）、生物活体库（活库），以及数字化平台（读平台）、合成与编辑平台（写平台）所构成的“3 库 2 平台”的功能布局。在基因库二期的建设中，将进一步提升现有平台能力及进行功能模块的完善，继续建设优化“3 库 2 平台”，打造集“生命密码”的“存”“读”“写”能力于一体的综合平台，促进生命科学领域的大资源、大数据、大科学、大产业的联动，进一步提高我国生命科学研究水平，促进生物产业发展。

### （1）基因信息数据及生物样本资源存储和解析能力达到世界先进水平

基因信息数据库一期主要通过建设数据中心、数据库运营管理系统及配套设施，实现对基因信息数据总量达 500 PB 的访问支持，基因信息数据存储能力达 60 PB。依托云计算与云存储技术，保存海量贯穿组学数据，向用户提供生物信息检索、比较、分析等服务，为各科研机构提供生命科学研究平台。

生物样本资源库一期主要建设和购置低温储存系统、自动化样本处理流水线、实验室及配套设施，已存储包含细胞、血液、组织等多种生物资源样本超过 1000 万份。

### （2）参与国内外重大科研项目，取得了一批具有世界先进水平的研究成果

国家基因库已开展国家重点科研项目 20 余项。自 2011 年起，合作项目共发表论文 150 余篇，其中 CNS 论文 40 余篇，已获批国内外专利 46 个，出版了样本库和信息数据库等方向专著 8 本。主办的 *Giga Science* 在全球综合科学杂志中排名第六。建立了基因信息数据和生物样本的相关标准

和技术规范，发布了8项深圳市地方标准，参与1项团体标准，正在申请13项国际与国内标准、2项团体标准。此外，还已获批成为ISO/TC276国内对口单位，进一步提升了在生物样本库领域的国际地位。

（3）提供世界先进水平的支撑服务，与全球100多家机构和组织建立了战略合作关系

国家基因库构建的生物样本和大数据存储、管理、认证、基础应用体系，形成了全球联盟体系，支撑引领生物大健康产业和生物经济快速发展。国家基因库还致力于建立生物样本库建库的标准规范，为科研、医药、临床等工作者提供实验技术服务，推动相关产业发展。目前已与100多家国内外科研机构、行业组织建立了战略合作关系，在人类健康、生物多样性、生物进化机制等方面开展了合作研究。

湿库已与牛津大学、中国医学科学院合作多年，共同参与中国慢性病前瞻性研究（China Kadoorie Biobank，CKB），旨在通过建立基于血液的基础健康数据库，从遗传、环境和生活方式等多个环节深入研究危害中国人群健康的各类重大慢性病（如脑卒中、冠心病、癌症、糖尿病、高血压等）的致病因素、发病机理及流行规律和趋势，为有效地制定慢性病预防和控制对策、开发新的治疗和干预手段提供科学依据。CKB项目连续在《新英格兰医学杂志》《柳叶刀》《美国医学会杂志》《英国医学杂志》等杂志发表多篇揭示人群健康风险的科研论文，吸引国内外科研人员广泛关注，产生重大影响。其中，项目科研论文《辣食摄入与总死亡和死因别死亡：人群队列研究》被评为2015年度最受关注的百篇热点研究论文之一。

同时，湿库已获批2016年科技部“精准医学研究”重点专项——大型自然人群队列示范研究项目，作为子课题3的项目承担单位，进行大型人群队列生物样本库建设管理的规范化研究。

撰稿专家：徐讯

# 第3章

# 我国实验材料资源建设与利用情况

实验材料资源是国家战略性、基础性科技条件资源，大多是科研活动中的辅助材料，用于物质分析检测、仪器校准、方法评价等。同生物种质资源相似，实验材料资源同样种类繁多，涉及的领域广泛，主要包括实验动物资源、实验细胞资源、标准物质资源和科研试剂。这些资源在支撑生物医药、生物多样性保护、现代农业、计量科学、矿产资源高效开发利用等科学研究方面发挥着重要作用。

目前我国收集保藏了相当规模的实验材料资源。其中，实验动物2015年产量2617.77万只，实验细胞4600株系，遴选并集中保藏了约2000种国家标准物质实物资源，研制了国产科研用试剂6000种。

此外，我国建成一批国际优势保藏机构，资源保障能力大幅提升。目前，建有国家啮齿类实验动物种子中心（北京中心和上海分中心）等7家保藏机构，建设了国家标准物质中心，共有国家一级与二级标准物质资源研发机构400余家。

# 1 实验动物资源

实验动物资源是国家的战略性资源之一，是实现科技进步、促进经济社会可持续发展、提高我国科技国际地位的基础性支撑条件。实验动物广泛应用于科学研究、安全评价、效果验证及新技术和新方法的探索等方面，涉及医药、化工、农业、轻工、环保、航天、商检、军工等众多领域。在当今高科技领域激烈竞争的时代，实验动物作为科学研究的重要载体，直接影响着课题研究水平的高低和研究成果的确立，倍受各国政府及科技界的关注和重视。因此，全面了解实验动物资源的研究、开发、生产、使用及发展需求，提高资源管理与共享水平，对推动我国社会经济发展和科技进步有着重要的意义。

## 1.1 实验动物资源建设和发展

### 1.1.1 实验动物资源

实验动物是经人工饲育，对其携带的病原体实行控制，遗传背景明确或来源清楚，用于生命科学和生物技术研究、食品和药品等质量检验和安全性评价的动物。实验动物是生命科学研究和生物技术发展不可或缺的物质基础和支撑条件，实验动物科学的发展水平在一定程度上已成为衡量一个国家或地区科学技术发展水平和创新能力的重要标志之一。英美等发达国家十分重视实验动物科技发展，在实验动物新品种 / 品系资源培育、各种动物模型的研发应用和规范化管理方面，已实现了专业化分工、规模化生产、商品化供应和社会化服务。建立了完善的组织管理机构和教育、科研与应用体系，强化推进机构资质认证制度，重视和大力建设实验动物质量检测体系，相关支撑产业（如笼具、垫料等）不断推出新的系列化产品。在立法管理方面，满足对科技发展和高质量实验动物需求的同时，关注对实验动物福利的保障。

### 1.1.2 实验动物资源国际建设情况

国际实验动物资源十分丰富，从线虫、果蝇到黑猩猩，现有的实验动物有 200 多个物种、30 000 多个品系。其中基因修饰动物品系占多数，常规品系有 2600 多种，基因修饰动物的使用量逐年上升。

美国作为生命科学技术最为发达的国家，实验动物资源发挥了重要的支撑作用，50 年来已经形成了从昆虫、水生生物、啮齿类到非人灵长类等实验动物资源体系。现有的 1300 个实验动物生产与研究单位已经形成了一个专业化、规格化、商品化和社会化的供应和科研体系。在实验动物资源建设方面，美国主要采取分散研究、统一保存资源的方式。目前已经积累了 20 000 种基因工程小鼠，主要保存于杰克逊实验室、密苏里大学和加利福尼亚州立大学等地。

1959 年英国学者首先提出动物实验的“3R”原则，后来还专门出台了《实验动物法》来明确规范实验动物的使用。目前这一原则已经成为全世界使用动物研究医药、生物产品的专业人员所必须遵守的准则。据报道，2012 年，基因修饰动物（GM 动物）的使用数量第一次超过常规实验动物（Normal Animals），成为英国使用最多的实验动物类型。2014 年，英国使用了 194 万只 GM 动物，其中 GM 小鼠（91%）176 万只，GM 斑马鱼 15 万只（8%），GM 大鼠 2 万只（1%）。2017 年 1 月 13 日，英国利兹大学宣布，世界各国已有 200 多位科研人员加入该校教授领衔建立的动物细胞组织共享数据库，随着这种实验材料共享行为的不断普及，未来科学实验中活体动物的使用量有望减少。2016 年 1 月 5 日，剑桥—苏大基因组资源中心（CAM-SU Genomic Resource Center，CAM-SU）正式成为国际小鼠表型分析计划（International Mouse Phenotyping Consortium，IMPC）成员单位。

此外，英国 Harwell 医学研究理事会（UK Medical Research Council，MRC）致力于研究基因与疾病的关系，并拥有 2328 种小鼠品系，可用于新药和其他治疗手段的临床前评价。英国剑桥大学已经拥有 12 000 种基因敲除小鼠胚胎干细胞库，采用集中大规模科研模式，预计在未来几年将完成 2 万种以上的基因敲除。

欧洲遗传工程小鼠种子中心（European Mouse Mutant Archive，EMMA）作为非营利性组织，于 2013 年 4 月 11 日由德国、法国、捷克共和国、芬兰、希腊和欧洲分子生物学实验室（European Molecular Biology Laboratory，EMBL）联合成立，总部位于德国。目前成员国已扩大到欧洲 15 个国家和加拿大，参与的机构扩大到 23 个。EMMA 的核心任务是建立统一标准的存储条件，储存所有成员单位的遗传工程小鼠疾病模型，并且向全球有需求的科学研究者和科研机构提供小鼠品系（包括活体、冷冻胚胎和精子等）。国际小鼠表型分析联盟（International Mouse Phenotyping Consortium，IMPC）成员单位之一欧洲小鼠突变细胞资源库（European Mouse Mutant Cell Repository，EUMMCR）制作出来的小鼠品系均在 EMMA 进行保种。截至 2017 年 1 月，EMMA 网站公布的小鼠品系已有 5253 种。

日本理化研究所生物资源中心（RIKEN BioResource Center，RBC）是亚洲最大的生物资源中心，主要目的是收集、保存各类生物资源，包括啮齿类模型、植物模型、人源及动物来源的细胞系、遗传材料、微生物资源（放线菌、古细菌、丝状真菌、酵母）等。截至 2016 年 3 月，共保存小鼠品系 7818 种，数量为全球第 2 位。日本熊本大学生命资源开发与分析研究所（Institute of Resource Development and Analysis Center，IRDA）提供多样化研究资源和信息，旨在促进各个科学领域的综合教育和研究活动。该所下属的实验动物资源开发中心是国际小鼠资源联盟成员之一，以小鼠胚胎库而著称。截至 2016 年 6 月，保有 1768 个小鼠品系。另外，还保有 1804 种基因 / 基因型 / 疾病模型。

### 1.1.3 实验动物资源国内建设情况

近年来，随着生命科学研究的迅猛发展，我国科技事业发展对实验动物的需求日益增大，动物模型也越来越多，动物模型制作和鉴定技术已经十分成熟，整个产业呈现快速发展并逐渐完善的趋势。2015 年调查数据显示，我国实验动物生产已由单位自繁自用的“小而全”局面逐步转向专业化生产、规模化供应、商品化经营和社会化共享的局面，动物

生产品种 / 品系不断增加，生产总量不断提升。以实验小鼠为例，在 142 家生产单位中，其中生产量排前 12 位的单位占总产量的 67.71%（1250.79 万只 /1847.17 万只）。与此同时，实验动物生产单位的构成也在悄然发生着变化，在全国 1563 家获得实验动物生产许可证的单位中，企业法人占 53%，事业法人占 41%，其他性质的法人占 5%，未说明法人性质的占 1%。说明实验动物行业发展迅速，市场机制正逐渐形成。

中国常用实验动物主要包括 30 余个品种，其中以小鼠、大鼠、犬和兔为主要实验动物。据不完全统计，我国生产量最大的实验动物是小鼠、地鼠、大鼠、兔等。去除用于疫苗生产的鸡 / 鸡胚及繁殖量较大的鱼类，我国实验动物的年产量从 2013 年到 2015 年呈上升趋势。2013—2015 年的生产量分别为 2184.29 万只、2284.22 万只、2617.77 万只（图 3-1）。

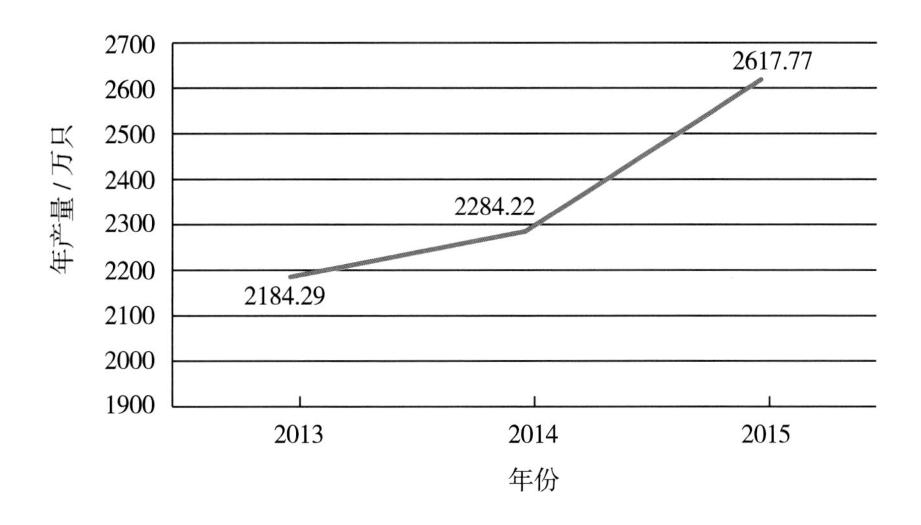


图 3-1　2013—2015 年全国实验动物的年生产量（去除鱼和鸡 / 鸡胚）

2013—2015 年全国实验动物的年使用量（去除鸡 / 鸡胚和鱼）同样呈上升趋势，2013—2015 年的使用量分别为 882.78 万只、987.42 万只和 1159.54 万只（图 3-2）。

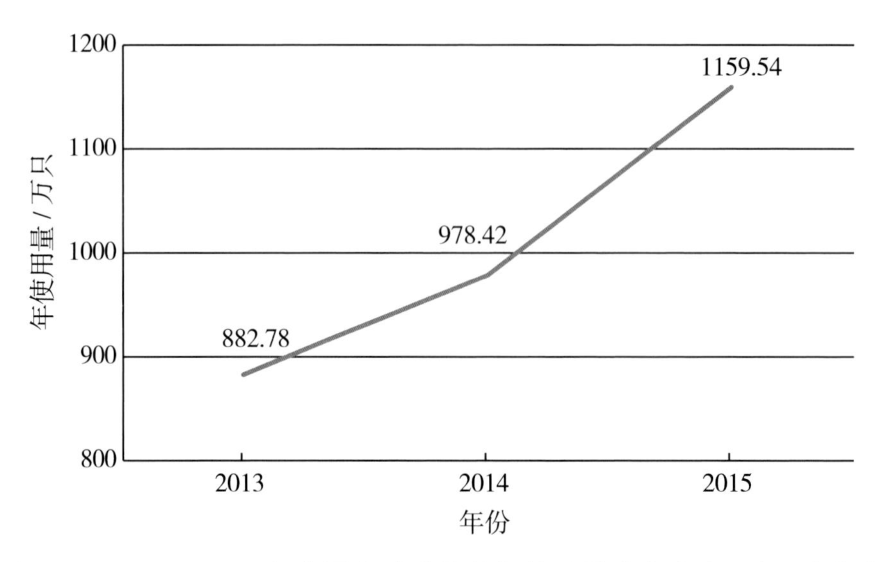


图 3-2 2013—2015 年全国实验动物的年使用量（去除鸡 / 鸡胚和鱼）

随着科技发展和国际交流的不断增多，实验动物福利与伦理审查已成为我国实验动物管理中的一项重要内容。2015 年调查数据显示，在 1563 个具有实验动物许可证的单位中，有 1320 个许可单位成立了实验动物福利伦理审查委员会，占比 84%；有 1212 个单位开展实验动物福利伦理审查，占比 78%。

### 1.1.4 实验动物资源国内外情况对比

发达国家经过百年的发展，实验动物资源已经形成体系，拥有比较完善的管理体系，实验动物质量保障体系也相对健全。中国现代实验动物工作仅有 30 多年的发展历史，需要引进发达国家的技术、经验才能迎头赶上。

从国家政策制定方面看，美国通过制定长期发展规划，使其实验动物科学保持持续发展的态势。在实验动物资源建设方面，有稳定的资助体系，美国已经形成了共享体系，覆盖美国同时辐射欧洲，对生命医学、医药产业起到极大支撑作用。例如，美国建立了包括 12 个啮齿类中心、7 个非人灵长类研究中心、1 个斑马鱼资源研究中心、7 个无脊椎动物资源研究中心、1 个猪资源研究中心和实验动物遗传资源分析库在内的国家级实验动物资源和技术服务机构，支撑了美国生命科学领域的创新与快

速发展。我国自1988年开始，建立了7个资源中心和1个数据中心，但总体上讲，我国保存的实验动物品种/品系还比较少，在新品种（品系）研发的支持力度上还无法与发达国家相比，模式实验生物（如线虫、家蚕等）研究与应用还处于空白和起步阶段。由于科技体制和管理等多方原因，使得从国外引进的非常有研究和应用价值的动物模型资源随研究工作的结束而丢失。特别是在目前资源相对有限的条件下，因缺乏有关政策、管理办法、运行机制作保证，使得有限的实验动物资源无法实现最大限度的共享。

我国需建立实验动物资源研制、积累和共享的长期机制，解决现实发展与长远计划间脱节问题，以便实现实验动物学与产业间的总体布局及长远规划。实验动物资源共享体系在我国尚处于起步阶段，应学习发达国家，加快速度筹建资源共享体系，以促进本国实验动物行业发展。

从实验动物质量标准方面看，虽有国际共识，但目前国际上还没有统一的实验动物质量控制标准，每个国家根据自己的实际情况确定需要控制的病原微生物种类。欧盟实验动物科学联合会（Federation for Laboratory Animal Science Associations，FELASA）制定了自己的标准，美国则依据实验动物资源研究所（Institute of Laboratory Animal Resources，ILAR）发布的“实验动物管理与使用指南”开展实验动物标准化研究与质量评价，由此保证实验动物资源质量和研究成果的科学性。虽然我国已建立了国家级和21个省级实验动物质量检测网络，并已在实验动物质量评价、疾病诊断与预防控制等方面发挥了重要作用。但我们应该看到，检测机构整体水平参差不齐，且正常开展工作的不多，一些机构在检测设备、人员素质、管理体系、设施与环境、检测能力及对新检验规则的适应性等方面存在着许多问题。此外，还存在技术标准、规范和指南等指导性文件不完善、更新慢，采纳新技术、新方法和新指标力度不够，检测方法的先进性、检测试剂的标准化和商品化程度低等问题，还达不到与国际接轨的要求。这些问题的存在也直接影响到我国实验动物质量体系建设和完善。

从技术能力方面看，在人类疾病模型的研发方面，美国、加拿大、欧盟等发达国家和地区在推动模型创建的基础上，投巨资开展模型制作创新技术的研究，除了经典的转基因技术、基因打靶技术、基因沉默技术、基因捕获技术外，还发展了锌指核酸酶、转录激活因子样效应因子核酸酶、基于成簇的规律间隔的短回文重复序列和Cas蛋白的DNA核酸内切酶等技术。我国在这方面发展也比较快，在一些高等院校和科研院所，搭建了基因修饰动物模型评价的技术平台，加快模型的研发，推动模型尽快进入应用领域。在某些领域，我国已经走到国际的前列。

从研发资金投入方面看，随着科技竞争的日趋激烈，美国、日本和欧洲等发达国家和地区在很好地解决了实验动物质量问题的基础上，将资源建设、保存和开放共享作为一项基础性工作摆在实验动物科技战略发展的首位，持续纳入促进国家科技创新和提高国家科技竞争力的发展规划之中，从国家层面投入大量经费，促进动物资源的多样化和集成发展，快速占领生命科学等研究领域的制高点，并且逐步转化为经济垄断。

资源动物实验动物化和种质资源保存，动物模型的创制与评价，已有实验动物资源的优化配置与结构调整，以及资源共享服务体系的建设是一项国家战略性任务，具有基础性、长期性和明显的社会公益性。面向“十三五”期间的新形势和新任务，应当围绕建设创新型国家和“十三五”科技创新规划的任务部署，加大实验动物资源创制的建设力度，实现实验动物资源建设的科学规划、有效开发、优化配置、高效利用和服务共享，提升实验动物资源对科技创新和经济社会发展的支撑保障能力。

设立国家实验动物重点研究专项，围绕着国家科技创新、经济社会发展及生物医药产业前沿发展中的重大科学问题开展系统性实验动物新资源和动物模型研发。争取国家科技基础条件平台的支持，根据“国家科技基础条件平台认定指标”，从资源整合、组织管理、提高运行服务和持续发展能力等方面，推动建立和逐步完善面向国家重大战略需求的、资源互补和服务功能强大的实验动物资源开放共享平台，并获得国家对平台的财政支持。

近年来，我国科技部门重视实验动物资源建设，通过科技立项支持开展实验动物资源的收集整合、优化配置和新品种创建。但从资源建设的力度和我国科技发展对实验动物资源需求的层面上看，支持力度还不能满足其快速发展的需要。实验动物资源建设与共享利用作为一项战略性和基础性工作，应该纳入国家科技创新和提高国家科技竞争力的发展规划，采取国家支持、重点投入、统筹规划、共建共享的原则，对相关科研项目的资助点面结合、保持连续性。与此同时，在坚持体现国家目标的基础上，支持已有国家实验动物种子中心、种质资源库升级改造，支持新建国家实验动物种子中心、种质资源基地建设，支持有条件的单位申报实验动物相关国家重点实验室、工程技术研究中心、技术创新中心；努力争取建设重要模式动物的表型与遗传分析等国家重大科技基础设施。

从市场化程度方面看，在实验动物饲料、垫料、笼具、仪器设备等方面国外形成了专业化的公司，为实验动物生产和动物实验的发展提供了有力的保障。从 21 世纪初，国外外包服务机构相继进入我国，利用我国的技术和成本优势迅速占据了这个新兴市场，同时也带动了我国相关企业的崛起，出现了越来越多的中国本土企业发展成为跨国企业，增强了我国企业的国际竞争力。同时，我国实验动物行业的发展也存在着不平衡和发展滞后的方面，如实验动物饲料、垫料、笼具和使用器具与国际先进国家仍存在着差距，尤其是垫料质量低下，种类严重匮乏，小型动物实验设备和器具基本为空白。

## 1.2 实验动物资源中心建设情况

### 1.2.1 实验动物资源保藏情况

目前，在实验动物领域，我国建有国家啮齿类实验动物种子中心（北京中心和上海分中心）等 7 家保藏机构（表 3-1）。同时建设有负责收录、整合、保存实验动物生物学特性数据信息的国家实验动物数据资源中心。

表 3-1　7 家主要实验动物资源保藏机构情况

| 序号 | 保藏机构名称 | 保种品系 / 个 |
|---|---|---|
| 1 | 国家啮齿类实验动物种子中心（北京） | 171 |
| 2 | 国家啮齿类实验动物种子中心（上海） | 487 |
| 3 | 国家遗传工程小鼠资源库 | 3448 |
| 4 | 国家非人灵长类实验动物种子中心（苏州分中心） | 2 |
| 5 | 国家犬类实验动物种子中心 | 1 |
| 6 | 国家禽类实验动物种子中心 | 10 |
| 7 | 国家兔类实验种子中心 | 3 |

### 1.2.2　实验动物资源建设情况

国家实验动物数据资源中心在科技部等相关部门的支持下，经过“九五”到“十二五”的发展，尤其是全面贯彻实施《国家中长期科学和技术发展规划纲要（2006—2020 年）》以来，借助于国家科技基础条件平台建设等国家各个科技计划的推动，我国实验动物工作已经有了长足的进步。建立了包括实验动物主要品种、品系的种质资源保存和开发利用基地。自 1998 年开始，我国已经基本建成了包括小鼠、大鼠、豚鼠、地鼠、兔、犬、禽类和实验灵长类的国家实验动物种子中心和种质资源基地网络。

（1）国家啮齿类实验动物种子中心（北京分中心）

该中心 1998 年由科技部批准成立。具有约 6000 $m^2$ 的屏障环境，采取隔离器和 IVC 保种。具备完善的实验室和实验设备，可开展冷冻保存、体外受精、基因型鉴定、生物净化、模式动物制作等工作。中心现活体保存有小鼠、大鼠、豚鼠、兔 4 个品种共计 79 个品系的实验动物，包括疾病模型、研究工具鼠等 38 个品系。其中，2015 年引进新品种 / 品系 17 个、保种 65 个品系、供应实验动物种子 1417 只，向 16 家单位提供服务。

（2）国家啮齿类实验动物种子中心（上海分中心）

该中心 1998 年由科技部批准成立。具有约 1100 $m^2$ 的隔离系统环境，5200 $m^2$ 的屏障系统环境，全部采用隔离器保种。具备完善的实验室和实

验设备，可开展冷冻保存、体外受精、基因型鉴定、生物净化、人工造模、各类动物实验（包括病例、影像、表型分析无菌）等工作。中心现活体保存小鼠、大鼠2个品种共计64个品系的实验动物（包括疾病模型、研究工具鼠等）；委托保种21个品系；自主培育成功2个眼科疾病动物模型；冷冻保存503个品系；5年间向20余个省市供应实验动物种子40 000只，向200家单位及地区提供服务。

（3）国家遗传工程小鼠资源库

该中心始建于2001年，2010年经科技部批准设立，是集遗传工程小鼠的资源保存与供应、疾病模型创制与开发、实验动物人才培训于一体的国家级科技基础条件服务平台。中心2015年保有小鼠品系882余种，其中包括敲除品系401余种、突变品系118种、转基因品系227种、近交系33种。2015年中心引进新品种203个品系，保种3184个品系，供应实验动物种子近10万只，向610家单位及地区提供服务。

（4）国家非人灵长类实验动物种子中心（苏州分中心）

该中心2010年经科技部批准设立。具有非人灵长类实验动物的繁育和供应能力，拥有占地120亩的西山岛动物养殖基地，育有约12 000只非人灵长类种群，并销往美国、加拿大、韩国等国家，每年供应量约1500只。2015年为3家单位提供了286只实验动物种子。

（5）国家犬类实验动物种子中心

该中心始建于1983年，于2010年经科技部批准成立。中心拥有符合国际实验动物福利标准的犬舍11栋5700 $m^2$，大动物GLP实验室1200 $m^2$，不锈钢饲养笼480个。现有Beagle种犬群600多头，存栏量1600多头，年生产能力2000 ~ 2500头。年供应实验动物种子1500余头，向20家单位提供服务。

（6）国家禽类实验动物种子中心

该中心于2010年经科技部批准建立。共有大型硬壁式隔离器200余台，屏障环境超过6000 $m^2$，有3处独立的SPF种禽饲育设施，总建筑面积约15 000 $m^2$，饲育SPF种禽5300羽，年供应种卵约100万枚；屏障环境用于饲育生产群SPF鸡，可生产400多万枚SPF鸡卵。其中仅2015年引进新品种品系 2 个、保种 10 个品系、供应 SPF 鸡种卵 11 余万枚。供应 SPF 禽（鸡和鸭）207.7 万只，向 44 家单位及地区提供了服务。

（7）国家兔类实验动物种子中心

该中心于 2010 年由科技部批准成立。具有约 520 $m^2$ 的屏障系统环境，采取隔离器保种。具备完善的实验室和实验设备，可开展体外受精、生物净化、各类动物实验（包括病例、影像、表型分析）等工作。中心全部采用活体保存豚鼠、地鼠、兔 3 个品种共计 3 个品系的实验动物，供应实验动物种子，同时提供相关技术服务。

（8）国家实验动物数据资源中心

该中心于 2010 年由科技部批准成立，主要承担中国实验动物信息网建设及运行管理，保存有国家各实验动物种子中心提供的实验动物生物学特性数据信息，提供完善的实验动物数据资源库及其查询管理系统，是国家自然科技资源共享服务平台科学数据的重要组成部分。

（9）中国科学院特色与模式动物实验平台

该平台于 2006 年在财政部的专项经费支持下成立。以满足国家科研需求为建设导向，整合了中国科学院现有的人才与资源的优势，分别在北京、上海、武汉、广州、昆明等地遴选了已具备一定硬件设施及研究队伍的单位组建了中国科学院特色与模式动物实验平台。目前具有包括国家啮齿类、兔类、斑马鱼实验动物种子中心在内的 17 个成员单位。通过 10 年的建设，中国科学院特色与模式动物实验平台已经为“知识创新工程”“十三五”规划及“创新 2020”目标的全面实现提供特色与模式动物支撑。平台目前已经保存小鼠品系超过 3000 个、斑马鱼品系超过 900 个、果蝇品系超过 1000 个、非人灵长类动物品系 20 余种、树鼩 90 余个家系，其他实验动物品系 70 余种。2016 年已经初步实现超过 500 个实验动物品系信息资源共享，数据已经整合至中国科学院实验动物资源共享服务平台网站。

### 1.2.3　实验动物种子中心服务情况

自 1998 年开始，在科技部的部署下，建立了 7 个实验动物资源保种中心和1个数据中心，集中开展实验动物种质资源的收集、整合、保存，并开展标准化研究。已经建成的国家实验动物数据资源中心，承担中国实验动物信息网的建设及运行管理工作（表3–2）。中国实验动物信息网主要为生命科学、医学、药学及相关学科的发展提供数据资源、技术服务和信息资源共享服务。国家实验动物数据资源中心先后建立了国家实验动物质量检测管理平台、实验动物在线产品中心、实验动物许可证查询管理系统等多个应用管理系统，为行业人群和企业提供特定服务。仅在2015年，国家实验动物种质资源网络为国内20多个省市770多个单位提供标准化的实验动物（包括遗传修饰小鼠模型）约11万只。

表3–2　7家主要实验动物资源保藏机构服务情况

| 序号 | 保藏机构名称 | 动物数量/只 | 提供服务单位数量/家 |
| --- | --- | --- | --- |
| 1 | 国家啮齿类实验动物种子中心（北京） | 1324 | 16 |
| 2 | 国家啮齿类实验动物种子中心（上海） | 4300 | 51 |
| 3 | 国家遗传工程小鼠资源库 | 100 000 | 610 |
| 4 | 国家非人灵长类实验动物种子中心（苏州分中心） | 286 | 3 |
| 5 | 国家犬类实验动物种子中心 | 1394 | 20 |
| 6 | 国家禽类实验动物种子中心 | 2 077 000 | 44 |
| 7 | 国家兔类实验动物种子中心 | 340 | 18 |

### 1.3　实验动物资源支撑科技创新与经济社会发展

实验动物是生命科学基础研究、药物研发及医学科学问题探索中不可或缺的实验材料，其支撑保障作用已得到广泛共识，实验动物和通过各种技术建立的动物模型的应用极大地推动了生物学和医学发展。通过以下几个案例，可以充分说明实验动物对生命科学研究的重大突破和生物技术的重大发展所发挥的支撑作用。

（1）中国自主研发小鼠模型大规模进入国际市场

新的动物模型制作技术的研发和新品系的创制，为疾病发病机制研究、新药物靶点的发现、新临床治疗方案的创新和筛选提供了有力的工具，甚至掀起了新一轮的技术革命。以肿瘤模型为例，小鼠肿瘤模型是研究肿瘤发病、发展，新药研发及体内药效筛选的最重要的模型。其中最理想的是将病人的原代肿瘤直接移植到免疫缺陷的小鼠体内的病人派生异种移植（Patient Derived Xenograft，PDX）模型，依靠小鼠提供的微环境进行生长，移植后小鼠肿瘤与原始肿瘤的组织结构、病理分型及分子标志物表达等位基因突变频率一致，创造了与患者情况高度一致的“体内实验室”，用于肿瘤诊断、指标评估，还可以用于评估临床前研究肿瘤的个体化化疗疗效，或作为临床肿瘤病人的“替身”，直接用于肿瘤病人药效方案的筛选。2013 年起，国家遗传工程小鼠资源库自主搭建了基于 CRISPR/Cas9 技术进行高效遗传工程改造的模型开发技术平台，并基于 NOD 遗传背景，制作了 prkdc 和 Il2rg 双突变的重度免疫缺陷的 NCG 小鼠。该小鼠除了 T、B 细胞功能丧失以外，NK 细胞活力也缺失，这大大提高了模型的建模速度和建模成功率，使得 PDX 的应用迅速扩大，无论是国内高校、科研院所的基础研究，还是药企 CRO 公司的新药研发与筛选，都从基于 NCG 的 PDX 模型中大大获益，推动了国内生物医药肿瘤相关产业的蓬勃发展。同时，2016 年起，资源库已经和全球最大的实验动物上市公司 Charles River 公司开展了基于 NCG 小鼠的全面合作，第一次实现了中国自主研发的小鼠模型大规模进入国际市场，将产生巨大的经济效益和国际影响力。

（2）利用转基因动物生产人药用蛋白和营养保健品

根据 Evaluate Pharma 的数据，2015 年全球销量排名前 10 位的药物中，有 6 个是单抗或重组蛋白药物。现有 55 个上市抗体药物产品，2015 年全球销售总额达到 916 亿美元，近 10 年年均复合增长率达到 31.65%。利用转基因动物生产的药用蛋白主要是通过血液、尿腺、乳腺 3 种渠道，其中动物乳腺是目前公认的生产重组蛋白质的理想器官。目前，利用动物生产的人用药物已经有 2 种完成了临床试验，10 种以上的药用蛋白处在临床试验阶段。

（3）利用斑马鱼开展高通量药物筛选和安全性评价

全球医药巨头辉瑞、罗氏、诺华、葛兰素史克、阿斯利康等都开始

使用斑马鱼技术进行药物筛选研发，经济合作与发展组织（Organisation for Economic Co-operation and Development，OECD）已经颁布了9项化学品鱼类（斑马鱼）毒性检测标准。斑马鱼模型既具有体外实验快速、高效、费用低等优势，又具有哺乳类动物实验预测性强、可比度高等优点，可以有效弥补体外实验和哺乳类动物实验之间的巨大生物学断层，完善现有药物研发体系。将斑马鱼模型鱼体外实验和哺乳动物实验相结合，可以从整体上缩短药物临床前早期研发的实验周期，降低实验成本，提高实验预测的准确性，进而提高药物研发效率，降低药物研发风险。

（4）动物模型对精准医学研究的支撑作用

针对同一基因或同一疾病，利用不同物种（或同一物种不同品系）动物建立的动物模型，因具有本动物区别于其他动物的特殊生物学性质，在应用过程中会出现不同的反应，使得研究者获得不同的表型和数据信息。对于多基因复杂性疾病的研究，更需要不同的动物模型，以期从不同层面和角度解释和阐述疾病的本质和机制。想要实现精准医学的目的，应用动物模型则是必经之路。通过对动物模型的准确评价，才能指导实际中动物模型的正确使用，以获得准确可靠的结果。

（5）人源化实验动物模型

实验动物疾病模型，对于研究人类疾病发生的病因、发病机制，开发防治技术和药物，是不可缺少的研究工具。随着基因工程技术的飞跃发展，实验动物模型已经从单纯在实验动物身上用药物或者手术诱发某种疾病，发展到在实验动物体内引入人源的细胞和组织，成为人源化实验动物模型，为目前基础医学研究的发展及其成果迅速转化为临床上新的治疗方法或手段，提供了重要工具。人源化实验动物的出现，是一个具有划时代意义的科学进步。

（6）PDX动物模型的创建推动了肿瘤学的研究

目前采用最多的异种移植模型是人源性肿瘤细胞异种移植，即将人肿瘤在体外筛选，经过传10代培养建立稳定的细胞株注射到免疫缺陷小鼠体内的模型。由于连续传代的肿瘤细胞株适应了培养皿的环境，缺乏肿瘤微环境，如非肿瘤基质细胞、细胞外基质、肿瘤微环境因子等，使得这些细胞株种植到免疫缺陷小鼠体内后形成的肿瘤失去了原代肿瘤的特性，不能客观地反映原代肿瘤的情况。然而，与人源性肿瘤细胞异种移植相比，人源性肿瘤组织异种移植模型保持了肿瘤细胞的分化程度、形态特征、结构特点及分子特性。在某种程度上，移植后小鼠肿瘤的血运特点、基质特征、坏死状况等与人本身的肿瘤特点是一致的，这就为肿瘤的药物治疗提供了一个重要的且相一致的体内模型。除此之外，人源性肿瘤组织异种移植模型能够代表每一位病人的肿瘤特点，可增加药物特异性，提高治疗成功率。因此，这种具有人肿瘤特异性的模型为个体化治疗提供了最好的依据和帮助。

目前，已有多种小鼠为建立人源性原代肿瘤组织异种移植提供了可能，其中包括 NCG 小鼠、NOG 小鼠和 NSG 小鼠。这些小鼠具有重度免疫缺陷表型，无成熟 T 细胞、B 细胞和功能性 NK 细胞，细胞因子信号传递能力缺失等。由于对人源组织、细胞几乎没有排斥，因此非常适合人类肿瘤学的研究。

同时，这类小鼠模型的创建，也为充分利用临床样本资源，开展转化医学和精准医学的研究提供了其他手段不可替代的工具。

（7）非人灵长类动物对人类脑疾病诊治的支撑作用

脑疾病是我国乃至全球人口健康领域面临的重大挑战。全球有近 10 亿名脑疾病患者，每年约带来经济负担 1 万亿美元。目前，绝大部分脑疾病尚无有效治疗方法。由于进化上相近，非人灵长类动物的脑在结构、功能活动等多方面与人类高度相似。因此，相对于其他实验动物，非人灵长类动物具有解决人类问题，特别是脑相关问题的独特优势。它们除了是研究人类正常脑高级功能的关键实验动物外，还是研究脑疾病机理和治疗方法的最好的模型动物。我国不但有丰富的非人灵长类动物资源，而且在猕猴建模方面有很好的积累，尤其在转基因疾病猕猴模型创建方面，目前处于世界领先的地位。

撰稿专家：贺争鸣、田勇

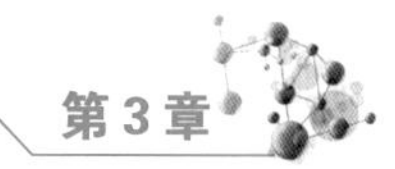

# 2 实验细胞资源

## 2.1 实验细胞资源建设和发展

### 2.1.1 实验细胞资源

细胞是高级生命的基本组成单位和功能单位。实验细胞是指离体培养的及由此衍生的活细胞，其中达到国际认可质量标准的实验细胞是实验细胞资源。实验细胞资源是重要的生物科技资源，越来越广泛地应用在生命医药研究领域。

实验细胞包括人和动物正常细胞系、人和动物肿瘤细胞系、突变型细胞系（含人类遗传病染色体畸变的细胞系）、杂交瘤、干细胞（含诱导型干细胞）、工程细胞株（含专利细胞）等。

### 2.1.2 实验细胞资源国际情况

各国政府和科研机构都高度重视实验细胞资源的保藏和利用，1953年第1个体外培养的连续细胞系在美国成功建立并开始应用。但是由于实验细胞的保藏利用对科技人员的专业技术及实验条件（设施、试剂、耗材）要求非常高，目前只有少数科技发达国家具有专门的实验细胞资源保藏机构。截至2014年8月底，在世界微生物菌种保藏联合会（WFCC）注册的成员共689家，分布在71个国家，保藏各类细胞720种，31730株系。其中较著名的是有近百年历史的美国典型培养物保藏中心（American Type Culture Collection，ATCC），共收藏了350种动物的细胞4000余株系，包括950种肿瘤细胞（其中人肿瘤细胞700株）和1200株杂交瘤细胞，每年向全世界分发细胞几万株；美国国立卫生研究院（National Institute of Health，NIH）重点收集了上万株人类成纤维样细胞和转化的淋巴细胞；美国圣地亚哥动物园濒危物种繁殖中心保藏了353种动物的细胞系4000余株；欧洲细胞库（European Collection of Cell Culture，ECACC）收藏了

45 种动物的 1400 余株细胞；日本的实验细胞组织保藏细胞 1300 余株系；德国细胞库保藏细胞 740 株系；韩国的细胞库保藏细胞近 700 株系；意大利专门细胞系数据库收集了 4850 株系细胞信息，供公开使用。

### 2.1.3 实验细胞资源国内情况

我国在新中国成立后逐步开始实验细胞的培养利用，基本与国外同步。少数国家级研究机构如中国医学科学院基础医学研究所 1958 年在国内首先建立了细胞培养实验室，尝试自建了数量不多的细胞系，或从国外引进已建立的细胞系用于科学研究并向其他单位提供。中国科学院在 1990 年筹建了中国科学院上海细胞库、昆明细胞库。在“七五”“八五”“九五”期间，国家科技计划支持建立了一些肿瘤细胞系及杂交瘤。但是当时国内来源细胞系的建立一直是伴随科技项目展开的，数量较少（截至 2000 年文献报道的肿瘤细胞系仅 100 余株），仅限于本课题使用或相识的科学家间交流。随着改革开放的深入及国际交流，大量的国外细胞系进入国内高校及研究机构。1999 年科技部、财政部启动的科技基础性工作将建设实验细胞培养细胞库纳入，2004—2008 年开展的科技基础条件平台建设将国内专职从事实验细胞保藏的机构纳入实验细胞资源的收集、整理、整合及共享平台建设。平台建设 10 年间也推动了国内高校、研究机构实验细胞的集中保存和利用工作，产生了一些单位内部的小型细胞库。

截至 2015 年年底，国内实验细胞的保藏绝大部分集中在国家实验细胞资源服务共享平台的成员单位，总计保存了国内外来源的 330 余种动物的细胞系 4760 余株系，100 000 余份。在保藏的 330 余种动物细胞系中，有昆虫 4 种、鱼类 24 种、两栖爬行类 10 种、鸟类 24 种、哺乳类 208 种（包括 30 种非人动物），专利细胞株 250 株、杂交瘤 914 株。简言之，我国实验细胞有比较丰富的保藏，每年的共享利用率较高，共享利用数量也很可观。

### 2.1.4 实验细胞资源国内外情况对比

依据 WFCC 网站统计，我国与国外实验细胞资源对比情况见表 3-3。

细胞来源物种数量有 330 种，占全球 31.4%，其他国家有 720 种，只是各国保藏物种数量的累加，未考虑相同物种的合并；资源保藏数量我国有 4760 株系，资源编目率达到 70%，居世界前列；但资源开放率仅有 49%，共享利用资源目录数量 2402 株系，“十二五”期间服务总量 42 509 株系。

表 3-3 实验细胞资源国内外对比情况

| 国家 | 规模质量 | | | | 共享利用 | | |
|---|---|---|---|---|---|---|---|
| | 细胞来源物种数量 | 资源保藏数量/株系 | 本国资源数量 | 资源编目率 | 资源开放率 | 资源目录数量/株系 | 服务总量/株系次 |
| 中国 | 330 | 4760 | 3485 | 70% | 49% | 2402 | 42 509/5 年 |
| 其他国家** | 720 | 31 730* | NA | 2%~83% | 2%~83% | 8632 | >50 000/ 年 |

注：表中数据为“十二五”期间服务量。*：依据 WFCC 网站统计；NA：Not Applicable；**：除中国外，其他国家（包括美国、英国、德国、日本等）。

## 2.2 实验细胞资源共享服务平台建设情况

### 2.2.1 国家实验细胞资源共享服务平台介绍

国家实验细胞资源共享服务平台于 2003 年开始启动，2011 年通过科技部、财政部考核和认定后转入运行阶段，是首批通过认定的国家科技基础条件平台之一。中国医学科学院基础医学研究所细胞资源中心，联合全国从事实验细胞保藏的主要单位承担建设国家实验细胞资源共享服务平台的任务，该平台由跨部门、跨领域，分布在全国东（中国科学院上海生命科学院细胞资源中心）、西（西安第四军医大学细胞工程研究中心）、南（中国科学院昆明动物研究所昆明细胞库）、北（北京中国医学科学院基础医学研究所、中国食品药品检定研究院）、中（武汉大学细胞库），长期从事实验细胞资源保藏的核心骨干单位组成。

国家实验细胞资源共享服务平台的主要功能包括珍贵 / 新建资源的收集整理保藏、实验细胞资源数据库建设整合、实验细胞资源评价、实验细胞信息资源与实物资源共享、相关规范制定及检验完善、学术交流和培训等。到 2015 年，该平台已整合了全国本领域经标准化整理合格的人和动物的细胞资源 2400 余株系，包括肿瘤细胞、正常细胞、杂交瘤细胞、转基因细胞、生产检定用细胞，以及用于医学和生命科学研究的多种工具细胞、工程细胞等。该平台保藏了国内外来源的 330 余种动物 4760 余株系，约占国内实验细胞总量（约 6200 株系）的 76%。同时，该平台对整合的细胞进行了扩增备份，每株系 5 ~ 100 份，总计 100 000 余份。平台提供的服务包括：提供实验细胞的实物、支原体检测、病毒检测、成瘤性检测、STR 分析、细胞特性组化鉴定、染色体荧光原位杂交等。经过整理整合，提交到国家实验细胞资源共享服务平台目录的细胞共有 2402 株系，可提供共享服务的实验细胞 1727 株系。

国家实验细胞资源共享服务平台制定并完善了各种管理规章，并制定了标准操作规程，出版了《实验细胞资源的描述标准与管理规范》《实验细胞资源目录》《细胞培养实验手册》。该平台拥有一支从事实验细胞资源保藏的稳定的科技人员队伍，为广大科技工作者提供全天 24 小时免费信息服务、细胞质量控制相关的各种技术服务及细胞资源实物服务。目前该平台标准化、数字化整理了表达实验细胞 2402 余株系。自 2011 年以来，该平台已为全国 30 余个省市的科研、教学、疾控、生物制药企业等提供资源实物服务 5 万余株系次，为国家各重点、重大科技项目提供了可靠的源头研究材料。

### 2.2.2 国家实验细胞资源共享服务平台各资源中心介绍

中国医学科学院基础医学研究所是我国最早建立细胞培养实验室、利用细胞进行医学研究的单位。中国医学科学院作为我国医学科技创新体系的核心基地，其下属基础医学研究所是我国医学科技创新体系核心基地的前沿阵地。其细胞资源中心是以保藏医学特别是重大疾病研究所需的细胞模型为主，具有较强的细胞及疾病模型建设能力的专职机构。目前保存 800 余株系、40 000 余份，可公开共享的细胞 500 株系，每年提供的服务近 3000 株系次。

中国科学院上海生命科学院细胞资源中心，保藏有人和20种动物的细胞株系资源，共计约485株，395株系可以提供共享服务，每年服务量5000株系次以上。

武汉大学细胞库是中国典型培养物保藏中心的重要资源库之一，主要承担中国专利细胞培养的保藏和实验细胞资源的收集、保存及质量控制的工作。迄今已收集细胞资源1189株系，目录细胞944株系，其中专利细胞系400余株，可提供服务细胞系370株。每年服务量800株系次左右。

中国科学院昆明动物研究所昆明细胞库，保存有326种动物的细胞系1886株、近30 000份，也保存有一些突变型细胞、杂交瘤、人正常二倍体细胞系、人和常见实验动物的各种肿瘤细胞系和人类遗传疾病染色体畸变细胞系。标准化整理的目录细胞279株系，可提供服务的细胞共有279株系，年服务量100 ~ 200株系次。

第四军医大学细胞工程研究中心，目前已建成符合国际标准的杂交瘤细胞实物库和电子库，总容量228株系，可提供服务细胞共有95株系。

中国食品药品检定研究院细胞资源中心，保藏生产用细胞85株，但这些细胞目前不能进入共享平台。同时保存了生物制品检定用细胞50株系，主要用于生物制品生物学活性检定、病毒污染检测及其他检测等，还保存了科学研究用细胞88株系。各单位资源保藏情况见表3–4。

表3–4　国家实验细胞资源共享服务平台各单位资源保藏情况

| 保藏单位 | 保藏数量 | 目录数量 | 可服务数量 |
|---|---|---|---|
| 中国医学科学院基础医学研究所细胞资源中心 | 800 | 536 | 500 |
| 中国科学院上海生命科学院细胞资源中心 | 485 | 436 | 395 |
| 武汉大学细胞库 | 1189 | 944 | 370 |
| 中国科学院昆明动物研究所昆明细胞库 | 1886 | 279 | 279 |
| 第四军医大学细胞工程研究中心 | 228 | 95 | 95 |
| 中国食品药品检定研究院细胞资源中心 | 172 | 112 | 88 |
| 合计 | 4760 | 2402* | 1727 |

注：*平台认定时目录细胞1500株系，新增的资源质量进一步提高。数据截至2015年年底。

## 2.3 实验细胞资源支撑服务情况与典型案例

根据国家实验细胞资源共享服务平台填报情况统计，该平台在“十二五”期间共服务 35 738 个用户：企业 752 个，军事国防部门 1317 个，高等院校 23 028 个，个人 49 人，科研院所 10 395 个，政府部门 174 个，其他 23 个；共支撑了 4159 个科研项目：省部级项目 409 个，其他项目工程 1037 个，国际合作项目 37 个，国家“863”计划课题 110 个，国家级国家重大工程 3 个，国家级国家自然科学基金 2021 个，国家级科技重大专项 151 个，国家“973”计划项目课题 346 个，国家级科技支撑课题 45 个；据不完全统计支撑了 2000 余篇论文的发表，2 个发明专利，并且多次开展人员培训。

实验细胞是生物医药基础理论和应用研究的源头材料。21 世纪以来诺贝尔生理医学奖获得者多数以实验细胞为研究模型。国家实验细胞资源共享服务平台为珍稀濒危动物及家养经济动物的基因组测序提供源头材料和技术支持。大熊猫是一种极度濒危的哺乳动物物种，属于我国国家一级保护动物。大熊猫是我国特有种，在哺乳动物的进化中处于一个独特的位置，它的系统发育地位一直有争议，有关大熊猫的遗传信息也非常少。为了解决这些问题，我国的科研人员开展了大熊猫基因组序列测定工作。2008 年北京奥运会的吉祥物之一大熊猫晶晶，被选为测序对象，国家实验细胞资源共享服务平台帮助课题组完成了测序用大熊猫血液样品中淋巴细胞的分离工作，并参与完成了大熊猫基因组文库的构建工作，为大熊猫基因组的成功测序奠定了基础。大熊猫基因组是第一个被报道的使用二代测序方法完成的从头装配的一个较大的哺乳动物基因组，其基因组测序结果发表在国际期刊《自然》杂志上［The sequence and de novo assembly of the giant panda genome. Nature，2010，463（7279）：311－317］。山羊基因组序列对开展山羊的育种及山羊的遗传学研究具有重要的意义。家养山羊广泛分布在世界各地，是人类生活中肉、奶和纤维的一个重要的来源。为配合中国科学院昆明动物研究所的研究人员进行山羊的基因组测序工作，国家实验细胞资源共享服务平台昆明分部

承担了山羊皮肤细胞系的建系工作，成功建立了云南黑山羊的皮肤细胞系。为该课题组提供了大量的山羊皮肤细胞，满足了课题组的需求。山羊的基因组测序结果在线发表在《自然－生物技术》杂志上［Sequencing and automated whole-genome optical mapping of the genome of a domestic goat（Capra hircus）. Nature Biotechnology，2013，31：135–141］。

撰稿专家：刘玉琴、卞晓翠

# 3　标准物质资源

## 3.1　标准物质资源建设和发展

### 3.1.1　标准物质资源

标准物质是确保化学、生物等领域测量结果准确、可比、可溯源的重要工具。世界各地的实验室都在采用标准物质校准测量仪器、验证测量方法、开展测量质量控制，标准物质被形象地称作“化学砝码”。根据《国际计量学词汇基础和通用概念及相关术语》（VIM3）及ISO国际指南31《与标准物质有关的术语及定义》，标准物质（Reference material，RM）是指具有足够均匀和稳定的特定特性的物质，其特性适用于测量中或标称特性检查中的预期用途。有证标准物质（Certified reference material，CRM）作为高级别的标准物质，是指用计量学上的有效程序对一种或多种特性定值，附有提供了特性值的不确定度和计量学溯源性描述的证书。

我国根据《中华人民共和国计量法》和配套标准物质管理办法，将标准物质作为计量器具实施法制管理。国家标准物质分为一级和二级，它们都符合有证标准物质的定义。其中一级标准物质主要采用绝对测量法或两种以上不同原理、准确可靠的方法定值，溯源性及准确度具有国内最高水平，不支持重复研制。二级标准物质主要通过与一级标准物质进行比较测量定值或多家实验室采用一种或一种以上方法进行合作定值。为便于管理和应用，我国标准物质按应用领域分为 13 类，分别为钢铁、有色金属及金属中气体成分、地质矿产、建材、核材料、高分子材料、化工产品、环境、临床化学与药品、食品、煤炭石油、物理与物理化学特性及工程技术特性，并以标准物质编号的前两位数字 01 ~ 13 表示。

### 3.1.2 标准物质资源国际情况

为使全球科技工作者能快速、准确地了解和查询到全球最新、最全的标准物质信息，促进标准物质在世界范围内的广泛应用与推广，实现高质量的信息服务和国际合作与交流，1990 年 5 月由中国国家标准物质研究中心（National Research Center for Certified Reference Materials，NRCCRM）、法国国家测试所（Laboratoire National d'Essais，LNE）、美国国家标准技术研究院（National Institute of Standards and Technology，NIST）、英国政府化学家研究所（Laboratory of the Government Chemist，LGC）、德国国家材料研究所（Bundesanstalt für Materialforschung und -prüfung，BAM）、日本国际贸易和工业检验所（International Trade and Industry Inspection Institute，ITIII）、苏联全苏标准物质计量研究所（Ural Scientific Research Institute for Metrology，Soviet，UNIIMSO）7 个国家的实验室，签署了合作备忘录，承诺合作建立国际标准物质信息库（International Data Bank on Certified Reference Materials，COMAR），网址为 http://www.comar.bam.de。COMAR 的成员国共 27 个，分别为中国、比利时、捷克、德国、日本、韩国、墨西哥、荷兰、英国、美国、加拿大、智利、瑞典、澳大利亚、奥地利、法国、波兰、斯洛伐克、南非、俄罗斯、印度、巴西、保加利亚、蒙古国、哥伦比亚、白俄罗斯和土耳其。

国际标准物质数据库虽在资源的全面性和及时更新程度上存在不足，但作为统计世界各国标准物质资源分布的唯一途径，所提供的数据具有一定参考意义。截至 2015 年年底，COMAR 依据其编码和录入原则，共收录全球 1.3 万余种有证标准物质。我国部分一级标准物质信息纳入 COMAR 共享。通过 COMAR 统计，以下国家所提供的有证标准物质

（CRM）在资源数量上占有较大优势：日本1577种，中国1195种，法国1019种，英国908种，德国905种，比利时813种，韩国623种，波兰796种，俄罗斯651种，美国529种，澳大利亚362种，加拿大195种。英、美、法、德等国的标准物质研究水平处于世界领先地位，中国、日本等亚洲国家标准物质的发展也非常快，数量和比重呈现上升趋势。COMAR信息库最新标准物质资源状况见表3-5、图3-3。食品、医药、环境等新兴领域标准物质数量近年来保持持续增长。

表3-5　COMAR信息库中各类CRM数量统计

| 领域 | 库内CRM总数 | 标准物质种类 | 该类CRM数量 | 领域 | 库内CRM总数 | 标准物质种类 | 该类CRM数量 |
|---|---|---|---|---|---|---|---|
| 钢铁 | 1615 | 副产品 | 61 | 无机 | 1947 | 建筑材料水泥石膏 | 64 |
| | | 铸铁 | 225 | | | 化肥 | 16 |
| | | 高合金钢 | 224 | | | 一般产品和纯试剂 | 192 |
| | | 低合金钢 | 417 | | | 玻璃、耐火材料陶瓷无机纤维 | 191 |
| | | 其他 | 336 | | | 无机气体和气体混合物 | 418 |
| | | 钢铁工业分析用的纯金属 | 23 | | | 其他 | 494 |
| | | 原材料 | 67 | | | 氧化物、盐 | 211 |
| | | 特种钢 | 53 | | | 岩石、土壤 | 361 |
| | | 低碳钢 | 209 | | | | |
| 有色金属 | 2084 | Al，Mg，Si和合金 | 497 | 有机 | 1071 | 有机物：溶剂气体和气体混合物 | 241 |
| | | Cu，Zn，Pb，Sn，Bi和合金 | 958 | | | 化妆品、表面活性剂 | 4 |
| | | 轻的元素（LI，BE），碱、碱土金属 | 8 | | | 其他 | 295 |
| | | Ni，Co，Cr和难熔金属 | 86 | | | 涂料、清漆、染料 | 3 |
| | | 其他 | 76 | | | 杀虫剂、除草剂 | 135 |

续表

| 领域 | 库内CRM总数 | 标准物质种类 | 该类CRM数量 | 领域 | 库内CRM总数 | 标准物质种类 | 该类CRM数量 |
|---|---|---|---|---|---|---|---|
| 有色金属 | 2084 | 贵金属和合金 | 89 | 有机 | 1071 | 石油产品和碳衍生物 | 104 |
| | | 用于有色金属分析的纯金属 | 152 | | | 塑料橡胶有机纤维 | 104 |
| | | 稀土Th，U和超铀元素 | 164 | | | 一般纯有机分析 | 179 |
| | | 原材料和副产品 | 27 | | | 合成产品和中间体 | 6 |
| | | Ti，V和合金 | 27 | | | | |
| 物理和技术特性 | 1967 | 其他 | 105 | 工业 | 2591 | 建筑、公用工程 | 17 |
| | | 频率 | 1 | | | 电力、电子、计算机工业 | 83 |
| | | 物理化学特性 | 488 | | | 燃料 | 77 |
| | | 放射性 | 1008 | | | 测量和试验 | 1745 |
| | | 热力学 | 72 | | | 矿石、矿物 | 593 |
| | | 电和磁特性 | 63 | | | 其他 | 62 |
| | | 机械特性 | 104 | | | 原材料和半成品 | 14 |
| | | 光学特性 | 126 | | | | |
| 生物和临床 | 438 | 临床化学 | 253 | 生活质量 | 1942 | 农业 | 120 |
| | | 一般药品 | 12 | | | 消费品 | 30 |
| | | 溶血学、血液学、细胞学 | 16 | | | 环境 | 964 |
| | | 免疫血液学、输血、移植 | 2 | | | 食品 | 429 |
| | | 免疫学 | 6 | | | 法律控制犯罪 | 320 |
| | | 其他 | 149 | | | 其他 | 79 |

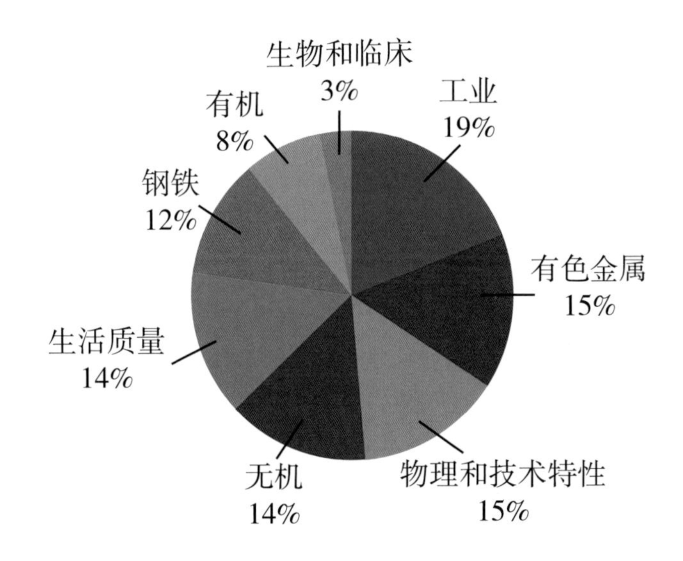


图 3–3　COMAR 信息库中各领域资源占比分析

COMAR 信息库中标准物质所涉及的国外研制单位共 184 家，研制规模较大、具有代表性的机构见表 3–6。

表 3–6　COMAR 信息库中国外主要标准物质研发机构

| 国家 | 机构名称 |
| --- | --- |
| 美国 | 美国国家标准和技术研究院 *（National Institute of Standard and Technology，NIST）<br>美国地质调查所（U.S. Geological Survey） |
| 加拿大 | 加拿大国家研究委员会 *（National Research Council of Canada，NRC）<br>加拿大自然资源部（Natural Resources Canada） |
| 巴西 | 巴西计量院 *（Instituto Nacional de Metrologia，Qualidade e Tecnologia，INMETRO）<br>巴西技术研究院（Instituto de Pesquisas Tecnologicas，IPT） |
| 墨西哥 | 国家计量中心 *（Centro Nacional de Metrologia，CENAM） |
| 德国 | 联邦材料测试研究院 *（Bundesanstalt Materialprufung，BAM）<br>国家物理研究院 *（Physikalisch–Technische Bundesanstalt，PTB） |
| 英国 | 政府化学家实验室 *（Laboratory of the Government Chemist，LGC）<br>分析样品局（Bureau Analyzed Samples Ltd，BAS） |
| 比利时 | 欧盟标准物质与测量研究院（Institute for Reference Materials and Measurement，IRMM） |

续表

| 国家 | 机构名称 |
|---|---|
| 法国 | 法国国家计量实验室 *（Laboratoire National de Metrologie et d’Essais，LNE）<br>液化空气公司（Air Liquide）<br>法国替代能源与原子能委员会（CEA） |
| 捷克 | 国家公共健康研究院（National Institute of Public Health） |
| 波兰 | 国家测量中心 *（Central Office of Measures，GUM）<br>核化学技术研究院（Institute of Nuclear Chemistry and Technology） |
| 俄罗斯 | 西伯利亚国家计量科学研究院 *（Siberian Scientific Research Institute for Metrology，Rosstandart，SNIIM）<br>乌拉尔国家计量科学研究院 *（Ural Scientific Research Institute for Metrology，Rosstandart，UNIIM）<br>地球化学研究所（Institute of Geochemistry） |
| 斯洛伐克 | 斯洛伐克计量院 *（Slovak Institute of Metrology）<br>辐射与应用核技术研究院（Institute of Radioecology and Applied Nuclear Techniques） |
| 日本 | 日本国家计量院 *（National Metrology Institute of Japan，NMIJ）<br>化学品评估与研究院（Chemicals Evaluation and Research Institute，CERI）<br>国家环境研究所（National Institute for Environmental Studies，NIES）<br>日本分析化学协会（The Japan Society for Analytical Chemistry）<br>日本钢铁联合会（The Japan Iron and Steel Federation）<br>日本陶瓷协会（The Ceramic Society of Japan）<br>日本铜业协会（Japan Copper and Brass Association）<br>地质与地理信息研究所（The Institute of Geology and Geoinformation） |
| 韩国 | 韩国标准及科学研究院 *（Korea Research Institute of Standards and Science，KRISS）<br>气体安全研究及发展研究院（Institute of Gas Safety Research & Development） |
| 澳大利亚 | 澳大利亚国家测量研究院 *（National Measurement Institute of Australia，NMIA） |

注：* 为该国指定的国家计量院。

由于各国标准物质管理模式和统计口径不同，实际资源总量远大于 COMAR 信息库资源统计数量。表 3-7 为通过主要国家计量院信息及实物库统计得到的资源数量。

表 3–7　主要国家计量院信息及实物库统计得到的资源数量

| 国家 | 国家计量院标准物质数量 | 国家库标准物质信息数量 | 调查到的研制机构数量 |
|---|---|---|---|
| 美国 | 1527 | 1527 | 47 |
| 中国 | 1384 | 9084 | 476 |
| 比利时（欧盟 IRMM） | 807 | 807 | 3 |
| 韩国 | 635 | 635 | 14 |
| 澳大利亚 | 555 | 556 | 17 |
| 德国 | 486 | 998 | 12 |
| 英国 | 279 | 56 000 | 15 |
| 日本 | 194 | 6000 | 46 |
| 波兰 | 107 | 796 | 10 |
| 加拿大 | 60 | 234 | 7 |
| 巴西 | 44 | 121 | 3 |
| 法国 | 43 | 1019 | 17 |
| 南非 | 42 | 83 | 4 |
| 荷兰 | 41 | 79 | 4 |
| 匈牙利 | 38 | 38 | 1 |
| 俄罗斯 | 37 | 11 261 | 24 |
| 墨西哥 | 27 | 27 | 1 |

### 3.1.3　标准物质资源国内情况

我国标准物质发展在 21 世纪迎来活跃期。随着国家各类科技项目对标准物质研发的支持及市场需求带动的民间标准物质研发活动的活跃，我国标准物质数量自 2000 年的 2000 余种增加至 2015 年末的 9034 种，增长了约 4 倍，其中一级标准物质 2166 种，二级标准物质 6868 种（表 3–8、图 3–4）。从 1995—2015 年标准物质增长趋势来看，自 2006 年起，标准物质进入高位增长阶段。通过国家标准物质资源共享服务平台建设，所有国家一级、二级标准物质资源实现了信息资源的集中共享，实物资源则采取集中和分散相结合的资源保藏与共享方式，其中集中保藏实物资源总量 2000 余种。

表 3–8　1995—2015 年标准物质数量增长情况

单位：种

| 批准年份 | 一级 | 二级 | 合计 |
|---|---|---|---|
| 1995 | 67 | 84 | 151 |
| 1996 | 62 | 146 | 208 |
| 1997 | 48 | 31 | 79 |
| 1998 | 0 | 45 | 45 |
| 1999 | 46 | 49 | 95 |
| 2000 | 38 | 123 | 161 |
| 2001 | 44 | 111 | 155 |
| 2002 | 35 | 211 | 246 |
| 2003 | 0 | 184 | 184 |
| 2004 | 99 | 205 | 304 |
| 2005 | 45 | 144 | 189 |
| 2006 | 27 | 390 | 417 |
| 2007 | 92 | 516 | 608 |
| 2008 | 64 | 526 | 590 |
| 2009 | 71 | 425 | 496 |
| 2010 | 139 | 496 | 635 |
| 2011 | 92 | 609 | 701 |
| 2012 | 146 | 500 | 646 |
| 2013 | 120 | 373 | 493 |
| 2014 | 68 | 391 | 459 |
| 2015 | 65 | 595 | 660 |

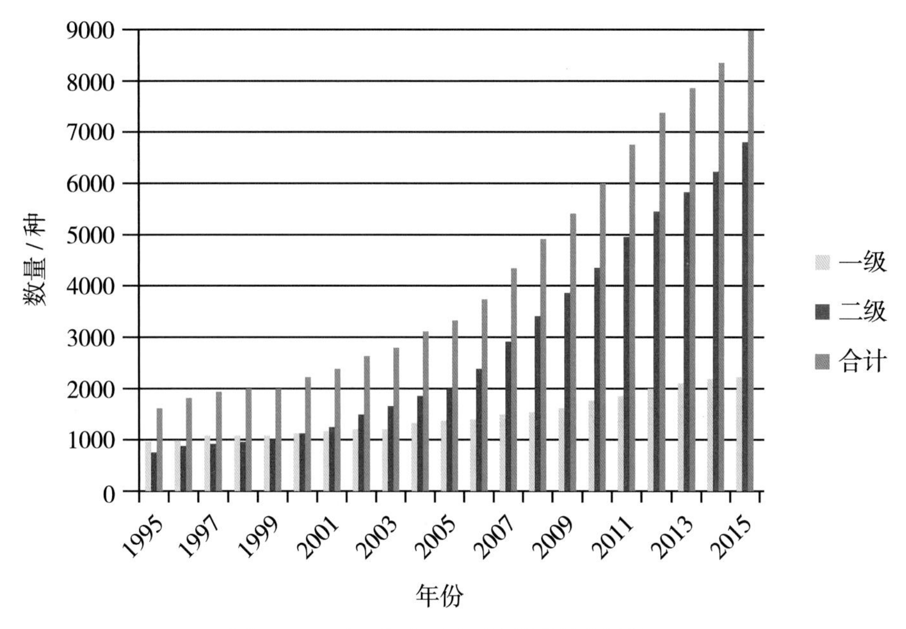


图 3–4 标准物质累计数量增长情况

### 3.1.4 标准物质资源国内外整体对比情况

我国近年来新增国家标准物质资源主要分布于环境、化工、物化特性、核材料、食品、钢铁、临床医药等领域，体现了服务民生、满足重大需求、支撑高新领域的特点，但传统领域标准物质仍占据较大份额。一级标准物质研制单位基本为具有行业牵头地位的研究机构或国家级质检中心，二级标准物质的研发中，出现了商业标准物质经营机构或私企与大学或研究机构合作研发的模式，重复研制现象较多。国家一级及二级标准物质资源整体结构见表 3–9。

表 3–9 国家一级、二级标准物质资源结构

| 类别 | 钢铁 | 有色 | 建材 | 核材料 | 高分子 | 化工 | 矿产 | 环境 | 临床 | 食品 | 煤炭石油 | 工程技术 | 物化特性 | 合计 |
|---|---|---|---|---|---|---|---|---|---|---|---|---|---|---|
| 一级 | 332 | 185 | 43 | 224 | 2 | 141 | 476 | 197 | 238 | 110 | 64 | 36 | 118 | 2166 |
| 二级 | 391 | 63 | 3 | 12 | 9 | 1988 | 141 | 2500 | 705 | 334 | 69 | 113 | 540 | 6868 |

国外标准物质研发正围绕本国需求，由钢铁、地质等传统领域向生物、临床、新材料等新兴领域拓展，并体现出重视核心与创新研发能力建设的特点（表 3–10）。以美国 NIST 为例，近年来逐渐将标准物质与标准参考数据作为整体考虑，并建立综合性的数据库系统，包括食品及膳食补充标准物质、临床检验标准物质、职业卫生标准物质、核酸标准物质、工程特性标准物质、纳米材料标准物质、半导体薄膜标准物质、陶瓷及玻璃标准物质、生物柴油标准物质、犯罪现场调查用标准物质、发动机磨损检测用润滑油标准物质、细胞与组织工程标准物质、病毒标准物质等数据，形成研发实力和特色。

表 3–10　各国国家级计量机构近期标准物质发展重点

| 各国国家级计量机构 | 发展重点 |
| --- | --- |
| 美国 NIST | 食品、膳食补充剂、临床与健康标志物、蛋白与金属组学、环境、纳米技术 |
| 欧盟 IRMM | 立法、生活质量、贸易 |
| 日本 NMIJ | 环境、临床、生物、食品中有害物质残留 |
| 韩国 KRISS | 立法、贸易、工业、量值溯源 |
| 澳大利亚 NMIA | 兴奋剂、法医、农药、兽药 |
| 德国 BAM | 高纯基准、材料表面、纳米、生物、工业过程分析、聚合物、环境、食品 / 饲料、生物毒素 |

截至 2015 年，标准物质相关校准测量能力国际互认排名前 8 位的依次为：美国、中国、俄罗斯、德国、韩国、日本、英国、墨西哥（表 3–11）。

表 3–11　各国家 / 地区 / 机构标准物质相关校准测量能力互认统计

| 国家 / 地区 / 机构 | 标准物质（QM） | | | | | | | | | | | | | | | |
| --- | --- | --- | --- | --- | --- | --- | --- | --- | --- | --- | --- | --- | --- | --- | --- | --- |
| | QM/1 | QM/2 | QM/3 | QM/4 | QM/5 | QM/6 | QM/7 | QM/8 | QM/9 | QM/10 | QM/11 | QM/12 | QM/13 | QM/14 | QM/15 | 总计 |
| 阿尔巴尼亚 | | | | | | | | | | | | | | | | |
| 阿塞拜疆 | | | | | | | | | | | | | | | | |
| 阿根廷 | | 5 | 6 | | 3 | | | 3 | 3 | | 6 | | 9 | | | 35 |
| 澳大利亚 | 25 | | 4 | 11 | 18 | | | | | 11 | 11 | | 6 | | | 86 |
| 奥地利 | | | | 1 | | | | | | | | | | | | 1 |
| 孟加拉 | | | | | | | | | | | | | | | | |
| 白俄罗斯 | | | | 13 | | 1 | | | | | | | | | | 14 |
| 比利时 | | | | | | | | | | | | | | | | |
| 玻利维亚 | | | | | | | | | | | | | | | | |
| 波斯尼亚和黑塞哥维那 | | | | | | | | | | | | | | | | |
| 博兹瓦纳 | | | | | | | | | | | | | | | | |

续表

| 国家 / 地区 / 机构 | 标准物质（QM） | | | | | | | | | | | | | | | |
|---|---|---|---|---|---|---|---|---|---|---|---|---|---|---|---|---|
| | QM/1 | QM/2 | QM/3 | QM/4 | QM/5 | QM/6 | QM/7 | QM/8 | QM/9 | QM/10 | QM/11 | QM/12 | QM/13 | QM/14 | QM/15 | 总计 |
| 巴西 | 7 | 3 | 22 | 24 | 17 | 5 | 1 | | | | 8 | 6 | 10 | | | 103 |
| 保加利亚 | | | | | | 5 | | | | | | | | | | 5 |
| 加拿大 | 26 | 1 | | | 39 | | | | | 32 | 2 | | 35 | | | 135 |
| 加勒比共同体 | | | | | | | | | | | | | | | | |
| 智利 | | | | | | | | | | | | | | | | |
| 中国 | 197 | 52 | 89 | 166 | | 4 | 2 | 2 | 12 | 33 | 63 | 9 | | | 1 | 630 |
| 中国香港 | 3 | 3 | | | 4 | 1 | | | 1 | 9 | 13 | | 5 | | | 39 |
| 中国台湾 | | | | 3 | | | | | | | | | | | | 3 |
| 哥伦比亚 | | | | | | | | | | | | | | | | |
| 哥斯达黎加 | | | | | | | | | | | | | | | | |
| 克罗地亚 | | | | | | | | | | | | | | | | |
| 古巴 | | | | | | | | | | | | | | | | |
| 捷克 | | | | 13 | | 2 | 3 | | | | | | | | | 18 |
| 丹麦 | | | | | | 4 | 5 | | | | | | | | | 9 |
| 厄瓜多尔 | | | | | | | | | | | | | | | | |
| 埃及 | | | 1 | | | | | | | | | | | | | 1 |
| 欧洲空间局 | | | | | | | | | | | | | | | | |
| 爱沙尼亚 | | | | | | | | | | | | | | | | |
| 芬兰 | | | | 5 | | | | | | | | | | | | 5 |
| 法国 | | 13 | 22 | 39 | 7 | 3 | | | 4 | 5 | 15 | | 10 | | | 118 |
| 格鲁吉亚 | | | | | | | | | | | | | | | | |
| 德国 | 25 | 31 | 17 | 82 | 22 | 7 | 5 | 154 | 43 | 33 | 18 | 2 | 70 | 20 | 3 | 532 |
| 加纳 | | | | | | | | | | | | | | | | |
| 希腊 | | | | | 1 | | | | | 1 | 4 | | | | | 6 |
| 匈牙利 | | | | 19 | | 3 | 4 | | | | | | | | | 26 |
| 国际原子能机构 | | | | | | | | | | | | | | | | |
| 印度 | | | | 1 | | | | | | | | | | | | 1 |
| 印度尼西亚 | | | | | | | | | | | | | | | | |
| 伊拉克 | | | | | | | | | | | | | | | | |
| 爱尔兰 | | | | | | | | | | | | | | | | |
| 欧盟标准物质与测量研究院（IRMM） | 30 | 9 | 10 | | 4 | | | | 9 | 17 | 6 | 2 | 30 | | | 117 |
| 以色列 | | | | | | | | | | | | | | | | |
| 意大利 | | | | 3 | | | 2 | 3 | 2 | 2 | | | | | | 12 |
| 牙买加 | | | | | | | | | | | | | | | | |
| 日本 | 70 | 27 | 12 | 158 | 22 | 6 | | 3 | 13 | 5 | 111 | | 72 | | | 499 |
| 哈萨克斯坦 | | | | | | | | | | | | | | | | |
| 肯尼亚 | | | | | | | | | | | 1 | | | | | 1 |
| 韩国 | 5 | 35 | 50 | 295 | | | | | 18 | 20 | 86 | | 4 | | 2 | 515 |
| 拉脱维亚 | | | | | | | | | | | | | | | | |
| 立陶宛 | | | | | | | | | | | | | | | | |
| 卢森堡 | | | | | | | | | | | | | | | | |
| 马来西亚 | | | | | | | | | | | | | | | | |
| 马耳他 | | | | | | | | | | | | | | | | |
| 毛里求斯 | | | | | | | | | | | | | | | | |
| 墨西哥 | 54 | 37 | 66 | 27 | 11 | 6 | 2 | 15 | 5 | 4 | 16 | | 75 | | | 318 |
| 摩尔多瓦 | | | | | | | | | | | | | | | | |
| 蒙古 | | | | | | | | | | | | | | | | |

续表

| 国家 / 地区 / 机构 | 标准物质（QM） | | | | | | | | | | | | | | | |
|---|---|---|---|---|---|---|---|---|---|---|---|---|---|---|---|---|
| | QM/1 | QM/2 | QM/3 | QM/4 | QM/5 | QM/6 | QM/7 | QM/8 | QM/9 | QM/10 | QM/11 | QM/12 | QM/13 | QM/14 | QM/15 | 总计 |
| 黑山共和国 | | | | | | | | | | | | | | | | |
| 纳米比亚 | | | | | | | | | | | | | | | | |
| 荷兰 | 17 | | 4 | 248 | 2 | | | | | | 1 | | 4 | | | 276 |
| 新西兰 | | | | | | | | | | | | | | | | |
| 挪威 | | | | | | | | | | | | | | | | |
| 巴基斯坦 | | | | | | | | | | | | | | | | |
| 阿曼 | | | | | | | | | | | | | | | | |
| 巴拿马 | | | | | | | | | | | | | | | | |
| 巴拉圭 | | | | | | | | | | | | | | | | |
| 秘鲁 | | 3 | | | | 2 | | | | | 1 | | | | | 6 |
| 菲律宾 | | | | | | | | | | | | | | | | |
| 波兰 | | | | 18 | | 6 | 2 | | | | | | | | | 26 |
| 葡萄牙 | | | | 21 | | | | | | | | | | | | 21 |
| 罗马尼亚 | | 7 | | | 3 | | | 4 | | | | | | | | 14 |
| 俄罗斯 | 30 | 15 | 24 | 418 | 9 | 4 | 3 | 14 | 12 | 1 | 8 | | 9 | | | 547 |
| 沙特阿拉伯 | | | | | | | | | | | | | | | | |
| 塞尔维亚 | | | | | | | | | | | | | | | | |
| 塞舌尔 | | | | | | | | | | | | | | | | |
| 新加坡 | 4 | | | | 4 | | | | | 5 | 5 | | | | | 18 |
| 斯洛伐克 | 7 | 33 | | 38 | | 5 | 2 | | | | | | | | | 85 |
| 斯洛文尼亚 | | | | | 2 | | | 1 | | | 1 | | | | | 4 |
| 南非 | | | 2 | 23 | | | | 4 | | | 5 | | 3 | | 1 | 38 |
| 西班牙 | | | | 18 | | | | | | | | | | | | 18 |
| 苏丹 | | | | | | | | | | | | | | | | |
| 瑞典 | | | | | | | 2 | | | | | | | | | 2 |
| 瑞士 | | | | 10 | | | | | | | | | | | | 10 |
| 叙利亚 | | | | | | | | | | | | | | | | |
| 泰国 | | | | 3 | 7 | 3 | | | 7 | 5 | 16 | 1 | | | | 42 |
| 马其顿 | | | | | | | | | | | | | | | | |
| 突尼斯 | | | | | | | | | | | | | | | | |
| 土耳其 | 22 | 1 | | 1 | 7 | | | | | 14 | 12 | 1 | | | | 58 |
| 乌克兰 | | | | 15 | | 6 | 3 | | | | | | | | | 24 |
| 英国 | 26 | 26 | 8 | 338 | 12 | | | | 6 | 25 | 14 | 1 | 11 | | | 467 |
| 美国 | 10 | 73 | 146 | 132 | 21 | 9 | 3 | | 9 | 208 | 19 | 33 | 205 | 14 | | 882 |
| 乌拉圭 | | | | | | | | | | | | | | | | |
| 越南 | | | | | | | | | | | | | | | | |
| 世界气象组织 | | | | | | | | | | | | | | | | |
| 也门 | | | | | | | | | | | | | | | | |
| 赞比亚 | | | | | | | | | | | | | | | | |
| 津巴布韦 | | | | | | | | | | | | | | | | |

注：QM/1 为高纯物质，QM/2 为无机溶液，QM/3 为有机溶液，QM/4 为气体，QM/5 为水，QM/6 为酸度，QM/7 为电导，QM/8 为金属及金属合金，QM/9 为先进材料，QM/10 为生物流体及材料，QM/11 为食品，QM/12 为燃料，QM/13 为沉积物、矿物、土壤及颗粒，QM/14 为其他物质，QM/15 为表面、薄膜及工程纳米材料。

我国与美国、德国、韩国、俄罗斯互认项目分布对比见图 3–5。可以看出，高纯物质、无机溶液、有机溶液及食品领域互认能力数量分别排名第一、第二、第二和第二，形成了国际优势；但是水、金属及合金、生物材料、食品、土壤等是亟待发展的互认领域。

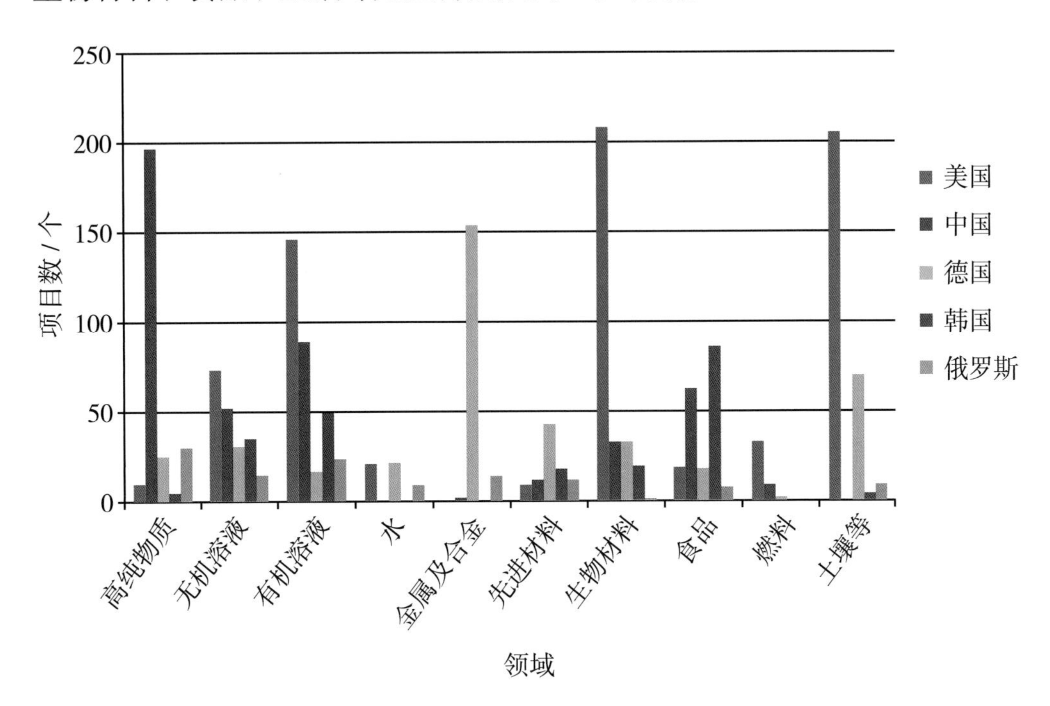


图 3–5 我国与美国、德国、韩国、俄罗斯互认项目对比

## 3.2 标准物质资源库建设情况

### 3.2.1 国家标准物质资源研制情况

截至 2015 年年底，我国国家一级与二级标准物质资源研发机构 400 余家。在国家一级资源研发数量前 50 的机构中，其资源研发数量前 10 位的机构资源占比 46.1%；资源研发数量前 20 位的机构资源占比 57.7%；资源研发数量前 30 位的机构资源占比 66.2%；资源研发数量前 40 位的机构资源占比 71.0%；资源研发数量前 50 机构资源占比 74.6%。资源研发数量前 100 机构资源占比 85.8%（表 3–12）。

其中，国家一级标准物质研制机构约 120 余家，机构类型主要为国家或地方专业研究机构及国企，除综合性研发机构中国计量院，各研制机构所研制标准物质的专业领域分布特征明显，其中资源研发数量前 10 位的机构资源占比 32.7%；资源研发数量前 20 位的机构资源占比 41.4%；资源研发数量前 30 位的机构资源占比 47.3%；资源研发数量前 40 位的机构资源占比 51.1%；资源研发数量前 50 位的机构资源占比 54.0%；资源研发数量前 100 位的机构资源占比 60.9%。涉及钢铁、地质、冶金等传统领域的标准物质研制机构占比仍较大。

表 3–12　一级标准物质资源研发数量前 50 位的机构

| 序号 | 研制机构 | 钢铁 | 有色 | 建材 | 核材料 | 高分子 | 化工 | 矿产 | 环境 | 临床 | 食品 | 煤炭石油 | 工程技术 | 物化特性 | 合计 |
|---|---|---|---|---|---|---|---|---|---|---|---|---|---|---|---|
| 1 | 中国计量科学研究院（国家标准物质研究中心） | 0 | 0 | 0 | 39 | 2 | 89 | 0 | 139 | 22 | 54 | 4 | 6 | 64 | 419 |
| 2 | 中国地质科学院地球物理地球化学勘查研究所 | 0 | 0 | 1 | 0 | 0 | 0 | 88 | 0 | 0 | 17 | 0 | 0 | 0 | 106 |
| 3 | 卫生部临床检验中心 | 0 | 0 | 0 | 0 | 0 | 0 | 0 | 0 | 60 | 0 | 0 | 0 | 0 | 60 |
| 4 | 山东省冶金科学研究院 | 36 | 0 | 0 | 0 | 0 | 0 | 0 | 0 | 0 | 0 | 6 | 0 | 0 | 42 |
| 5 | 核工业北京地质研究院 | 0 | 0 | 0 | 42 | 0 | 0 | 0 | 0 | 0 | 0 | 0 | 0 | 0 | 42 |
| 6 | 武汉综合岩矿测试中心 | 0 | 0 | 0 | 0 | 0 | 0 | 40 | 0 | 0 | 0 | 0 | 0 | 0 | 40 |
| 7 | 钢铁研究总院 | 38 | 0 | 0 | 0 | 0 | 0 | 0 | 0 | 0 | 0 | 0 | 1 | 0 | 39 |
| 8 | 沈阳冶炼厂 | 0 | 29 | 0 | 0 | 0 | 0 | 0 | 0 | 0 | 0 | 0 | 0 | 0 | 29 |
| 9 | 武汉钢铁（集团）公司技术中心 | 15 | 0 | 0 | 0 | 0 | 0 | 14 | 0 | 0 | 0 | 0 | 0 | 0 | 29 |
| 10 | 中非地质工程勘查研究院 | 0 | 0 | 28 | 0 | 0 | 0 | 0 | 0 | 0 | 0 | 0 | 0 | 0 | 28 |
| 11 | 本溪钢铁（集团）特殊钢有限责任公司 | 26 | 0 | 0 | 0 | 0 | 0 | 0 | 0 | 0 | 0 | 0 | 0 | 0 | 26 |
| 12 | 兵器工业西南地区理化检测中心 | 21 | 5 | 0 | 0 | 0 | 0 | 0 | 0 | 0 | 0 | 0 | 0 | 0 | 26 |
| 13 | 国家地质实验测试中心 | 0 | 0 | 0 | 2 | 0 | 0 | 24 | 0 | 0 | 0 | 0 | 0 | 0 | 26 |
| 14 | 沈阳有色金属加工厂 | 0 | 25 | 0 | 0 | 0 | 0 | 0 | 0 | 0 | 0 | 0 | 0 | 0 | 25 |
| 15 | 抚顺特殊钢股份有限公司 | 20 | 3 | 0 | 0 | 0 | 0 | 0 | 0 | 0 | 0 | 0 | 0 | 0 | 23 |
| 16 | 国家海洋局第二海洋研究所 | 0 | 0 | 0 | 0 | 0 | 0 | 3 | 20 | 0 | 0 | 0 | 0 | 0 | 23 |
| 17 | 北京航空材料研究院 | 10 | 12 | 0 | 0 | 0 | 0 | 0 | 0 | 0 | 0 | 0 | 0 | 0 | 22 |
| 18 | 国防科技工业 5012 二级计量站 | 10 | 10 | 0 | 0 | 0 | 0 | 0 | 0 | 0 | 0 | 0 | 0 | 0 | 20 |

续表

| 序号 | 研制机构 | 钢铁 | 有色 | 建材 | 核材料 | 高分子 | 化工 | 矿产 | 环境 | 临床 | 食品 | 煤炭石油 | 工程技术 | 物化特性 | 合计 |
|---|---|---|---|---|---|---|---|---|---|---|---|---|---|---|---|
| 19 | 地质矿产部沈阳综合岩矿测试中心 | 0 | 0 | 0 | 0 | 0 | 0 | 18 | 0 | 0 | 0 | 0 | 0 | 0 | 18 |
| 20 | 地质矿产部矿床地质研究所 | 0 | 0 | 0 | 6 | 0 | 0 | 11 | 0 | 0 | 0 | 0 | 0 | 0 | 17 |
| 21 | 地质矿产部湖北地质实验研究所 | 0 | 0 | 0 | 0 | 0 | 0 | 17 | 0 | 0 | 0 | 0 | 0 | 0 | 17 |
| 22 | 上海钢铁研究所 | 13 | 4 | 0 | 0 | 0 | 0 | 0 | 0 | 0 | 0 | 0 | 0 | 0 | 17 |
| 23 | 中南冶金地质研究所 | 0 | 0 | 0 | 0 | 0 | 0 | 17 | 0 | 0 | 0 | 0 | 0 | 0 | 17 |
| 24 | 北京医院 | 0 | 0 | 0 | 0 | 0 | 0 | 0 | 0 | 17 | 0 | 0 | 0 | 0 | 17 |
| 25 | 鞍山钢铁集团公司 | 15 | 0 | 0 | 0 | 0 | 0 | 1 | 0 | 0 | 0 | 0 | 0 | 0 | 16 |
| 26 | 济南众标科技有限公司 | 16 | 0 | 0 | 0 | 0 | 0 | 0 | 0 | 0 | 0 | 0 | 0 | 0 | 16 |
| 27 | 抚顺铝厂 | 0 | 15 | 0 | 0 | 0 | 0 | 0 | 0 | 0 | 0 | 0 | 0 | 0 | 15 |
| 28 | 核工业国营 812 厂 | 0 | 0 | 0 | 14 | 0 | 0 | 0 | 0 | 0 | 0 | 0 | 0 | 0 | 14 |
| 29 | 西南铝加工厂 | 0 | 14 | 0 | 0 | 0 | 0 | 0 | 0 | 0 | 0 | 0 | 0 | 0 | 14 |
| 30 | 煤炭科学研究总院北京煤化所 | 0 | 0 | 0 | 0 | 0 | 0 | 0 | 0 | 0 | 0 | 13 | 0 | 0 | 13 |
| 31 | 中核建中核燃料元件有限公司 | 0 | 0 | 0 | 13 | 0 | 0 | 0 | 0 | 0 | 0 | 0 | 0 | 0 | 13 |
| 32 | 内蒙古乾坤金银精炼股份有限公司 | 0 | 12 | 0 | 0 | 0 | 0 | 0 | 0 | 0 | 0 | 0 | 0 | 0 | 12 |
| 33 | 国家煤炭质量监督检测中心 | 0 | 0 | 0 | 0 | 0 | 0 | 0 | 0 | 0 | 0 | 8 | 4 | 0 | 12 |
| 34 | 中国医学科学研究院药物研究所 | 0 | 0 | 0 | 0 | 0 | 0 | 0 | 0 | 12 | 0 | 0 | 0 | 0 | 12 |
| 35 | 核工业北京化工冶金研究院 | 0 | 0 | 0 | 4 | 0 | 0 | 0 | 6 | 0 | 0 | 0 | 0 | 0 | 10 |
| 36 | 吉林铁合金股份有限责任公司 | 10 | 0 | 0 | 0 | 0 | 0 | 0 | 0 | 0 | 0 | 0 | 0 | 0 | 10 |
| 37 | 地质矿产部岩矿测试技术研究所 | 0 | 0 | 0 | 0 | 0 | 0 | 10 | 0 | 0 | 0 | 0 | 0 | 0 | 10 |
| 38 | 长春地质学院测试中心 | 0 | 0 | 0 | 0 | 0 | 0 | 10 | 0 | 0 | 0 | 0 | 0 | 0 | 10 |
| 39 | 航天科技集团公司一院 101 研究所 | 0 | 0 | 0 | 0 | 0 | 0 | 0 | 0 | 0 | 0 | 0 | 0 | 9 | 9 |
| 40 | 天津市计量技术研究所 | 0 | 0 | 0 | 0 | 0 | 1 | 0 | 0 | 0 | 0 | 0 | 0 | 8 | 9 |
| 41 | 新疆维吾尔自治区地勘局中心实验室 | 0 | 0 | 0 | 0 | 0 | 0 | 8 | 0 | 0 | 0 | 0 | 0 | 0 | 8 |

续表

| 序号 | 研制机构 | 钢铁 | 有色 | 建材 | 核材料 | 高分子 | 化工 | 矿产 | 环境 | 临床 | 食品 | 煤炭石油 | 工程技术 | 物化特性 | 合计 |
|---|---|---|---|---|---|---|---|---|---|---|---|---|---|---|---|
| 42 | 西藏自治区地质矿产勘查开发局中心实验室 | 0 | 0 | 0 | 0 | 0 | 0 | 8 | 0 | 0 | 0 | 0 | 0 | 0 | 8 |
| 43 | 中国建筑材料科学研究院水泥科学与新型建筑材料研究所 | 0 | 0 | 8 | 0 | 0 | 0 | 0 | 0 | 0 | 0 | 0 | 0 | 0 | 8 |
| 44 | 中国疾病预防控制中心职业卫生与中毒控制所 | 0 | 0 | 0 | 0 | 0 | 0 | 0 | 0 | 8 | 0 | 0 | 0 | 0 | 8 |
| 45 | 中国核工业集团公司宜宾核燃料元件厂 | 0 | 0 | 0 | 6 | 0 | 0 | 0 | 0 | 0 | 0 | 0 | 0 | 1 | 7 |
| 46 | 上海第一钢铁（集团）有限公司 | 7 | 0 | 0 | 0 | 0 | 0 | 0 | 0 | 0 | 0 | 0 | 0 | 0 | 7 |
| 47 | 上海市计量测试技术研究院 | 0 | 0 | 0 | 0 | 0 | 2 | 0 | 1 | 4 | 0 | 0 | 0 | 0 | 7 |
| 48 | 国土资源部东北矿产资源监督检测中心 | 0 | 0 | 0 | 0 | 0 | 0 | 7 | 0 | 0 | 0 | 0 | 0 | 0 | 7 |
| 49 | 地质矿产部湖南省地质试验研究中心 | 0 | 0 | 0 | 0 | 0 | 0 | 7 | 0 | 0 | 0 | 0 | 0 | 0 | 7 |
| 50 | 鄂城钢铁厂 | 7 | 0 | 0 | 0 | 0 | 0 | 0 | 0 | 0 | 0 | 0 | 0 | 0 | 7 |

以标准物质研发总数量和国家一级标准物质研发数量均排名前50位为衡量标准，国内较具实力的标准物质资源研发机构为：中国计量科学研究院（国家标准物质研究中心）、中国地质科学院地球物理地球化学勘查研究所、卫生部临床检验中心、中国医学科学院药物研究所、国家地质实验测试中心/地质矿产部岩矿测试技术研究所、核工业北京化工冶金研究院、钢铁研究总院、国家海洋局第二海洋研究所、北京航空材料研究院、兵器工业西南地区理化检测中心、核工业北京地质研究院、山东省冶金科学研究院、武汉综合岩矿测试中心。

通过2004年12月至2015年12月各研制机构一级标准物质研发数量的统计，可以看出以下标准物质研制机构近年来在高水平标准物质的研发方面较为活跃（表3-13）。

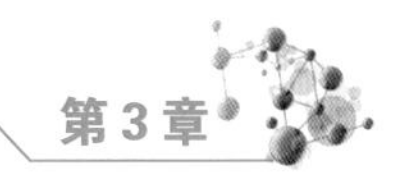

表 3-13　2004 年 12 月至 2015 年 12 月一级标准物质资源研发数量 >10 的机构

| 序号 | 机构 | 一级标物研发数量 |
| --- | --- | --- |
| 1 | 中国计量科学研究院（国家标准物质研究中心） | 332 |
| 2 | 中国地球物理地球化学勘查研究所 | 106 |
| 3 | 中国医学科学院药物研究所 | 101 |
| 4 | 山东省冶金科学研究院 | 48 |
| 5 | 国家地质实验测试中心 | 44 |
| 6 | 国防科技工业 5012 二级计量站 | 24 |
| 7 | 卫生部北京医院 | 21 |
| 8 | 卫生部临床检验中心 | 18 |
| 9 | 济南众标科技有限公司 | 16 |
| 10 | 国家煤炭质量监督检验中心 | 13 |
| 11 | 钢铁研究总院 | 13 |
| 12 | 中国石油大学 | 12 |
| 13 | 中国船舶重工集团第 12 研究所 | 12 |
| 14 | 浙江省地质矿产研究所 | 11 |
| 15 | 国家纳米科学中心 | 10 |

国家二级标准物质的研制体现出充分的市场化特点，共涉及研制机构 303 家。除了国家或地方专业研究机构及国企外，一些商业机构和私企如北京海岸鸿蒙标准物质技术有限责任公司、济南众标科技有限公司、北京坛墨质检科技有限公司近年来逐渐加入研发队伍，所研制标准物质基本为具有较高经济效益的重复品种。二级标准物质资源研发数量前 10 位的机构资源占比 38.3%；资源研发数量前 20 位的机构资源占比 47.0%；资源研发数量前 30 位的机构资源占比 53.0%；资源研发数量前 40 位的机构资源占比 57.5%；资源研发数量前 50 位的机构资源占比 61.1%；资源研发数量前 100 位的机构资源占比 72.4%。

### 3.2.2 国家标准物质资源共享服务平台

为促进我国标准物质资源在种类、数量、质量、领域分布、资源共享度及资源保存发展等方面与之匹配，“国家标准物质资源共享服务平台”于2003年启动试点建设，2006年启动全面建设，建立了包括技术规范、资源规划研发、质量评价、实物与信息更新维护、共享在内的平台资源整合与共享服务体系。国家标准物质资源共享服务平台融标准物质信息查询、实物共享推广、研发应用技术交流、资源规划发展研究等功能为一体。建立了设施功能完善、动态信息化管理的国家标准物质中心实物库，实现了全部国家有证标准物质资源的信息共享，资源品种数量居世界前列。

该平台资源涉及环境、化工、钢铁、地质、物化、有色金属、核材料、食品、临床、煤炭、工程技术、建材和高分子材料13个应用领域。根据行业牵头作用和资源优势，遴选重点资源研制单位参与平台建设。国家标准物质资源共享服务平台支持的参建单位资源保藏量与可共享量见表3–14。

表3–14 国家标准物质资源共享服务平台支持的参建单位资源品种数量

| 序号 | 研制机构 | 资源品种数量 |
|---|---|---|
| 1 | 中国计量科学研究院（国家标准物质研究中心） | 1320 |
| 2 | 上海市计量测试技术研究院 | 398 |
| 3 | 中国地质科学院地球物理地球化学勘查研究所 | 268 |
| 4 | 钢铁研究总院/钢研纳克检测技术有限公司 | 192 |
| 5 | 中国医学科学院药物研究所 | 182 |
| 6 | 中国测试技术研究院 | 126 |
| 7 | 国家地质实验测试中心/地质矿产部岩矿测试技术研究所 | 109 |
| 8 | 国家海洋局第二海洋研究所 | 47 |
| 9 | 国家粮食局科学研究院 | 19 |
| 10 | 国家纳米科学中心 | 30 |
| 11 | 煤炭科学研究总院 | 20 |

续表

| 序号 | 研制机构 | 资源品种数量 |
|---|---|---|
| 12 | 中国疾病预防控制中心职业卫生与中毒控制所 | 14 |
| 13 | 江苏省计量科学研究院 | 11 |
| 14 | 中国建材检验认证集团股份有限公司 | 7 |
| 15 | 贵州省计量测试院 | 3 |
| 合计 | | 2746 |

该平台“国家标准物质中心实物库”根据资源质量、重点领域需求、研发机构供应和质量保证情况等，兼顾安全保存条件要求，遴选并集中保藏了约2000种国家标准物质实物资源，以提升资源共享效率，该部分资源以国家一级和特色资源为主。其余资源则主要以信息共享的方式带动分散资源的实物共享。

该平台成为我国标准物质的主要获取渠道，通过资源信息化共享手段与服务模式的不断探索，服务量稳步攀升。目前网站年登录人次100万以上，实物资源年共享量42万单元以上，服务用户数量累计6万余家，涉及企业、质量监督与检验检测部门、科研院所、高等院校、军事国防部门等各个类型。通过建立先进、与国际接轨的技术规范体系、质量管理与质量评价体系，标准物质相关国家校准测量互认能力排名升至国际第二，资源出口至澳大利亚、法国、俄罗斯等20多个国家和地区，形成了国际优势。平台资源广泛应用于国家食品安全、临床检验、环境监测、科技创新等各个领域，得到了社会的广泛关注与认可。该平台的建成也推动提升了我国标准物质领域的整体研究水平与国际地位。依托平台建设的多项规范上升为国家计量技术规范，促进了我国高端国家级标准物质的规范化研制，标准物质互认能力跻身国际前列。

## 3.3 标准物质资源支撑科技创新与经济社会发展

### （1）为突发事件应急处置提供可靠测量保障

在原料乳中三聚氰胺检测、“5·12”汶川震后水质监控、2008年奥运会食品兴奋剂检测、2015年国际田联世界田径锦标赛超低含量违禁物质检测，以及液态奶中黄曲霉素 M1、白酒中塑化剂、奶粉中羟脯氨酸、奶粉中重金属等国家食品安全风险监测活动中，量值准确、可靠的标准物质在确保相关检测结果准确与可靠方面发挥了重要作用。以 2015 国际田联世界田径锦标赛为例，对样品中违禁药物检测水平要求极高，猪肉中盐酸克伦特罗限量低于国家标准方法检出限的 1/50，对检测机构的检测能力提出了挑战。根据《世锦赛食品安全检测工作方案》，紧急供应的鲜肉、牛奶等高蛋白、高脂肪食品基体中 β－激动剂、孕激素、雄激素等系列超痕量基体质量控制样品，为北京市食品安全监控与风险评估中心“重大活动检测承检机构遴选”工作提供了有力的支撑，确保了相关食品安全检测数据的质量及运动员驻地和赛事的食品安全。

（2）支撑产业发展与科技创新

以医药产业为例，如果在研发和生产过程中引入标准物质等准确测量保证技术，每个新型药物的研制成本可降低 25% ~ 48%，新药审批周期可从 122 个月降低到 98 个月。药物的多晶型研究成为当前国际制药领域的热点与难点问题。药物的不同晶型可能具有不同的硬度、熔点、密度、溶解度、溶解速率等理化性质，更重要的是可能引起药物生物利用度、稳定性、毒副作用等方面的差异。例如，黄芩素纯度国家一级标准物质为国家重大新药创新专项中“百可利化学 1.1 类创新药物”的开发研究提供了保障。通过应用，一方面使临床试验单位建立了可靠的血液样品检验分析方法，另一方面解决了企业技术推广中在黄芩素纯度、晶型分析与晶型质量控制方面的难题，企业利用该标准物质顺利完成了原料药与制剂的工艺交接、产业化工艺摸索、调整与优化等工作，推动了该创新药物的快速产业化。

（3）支撑司法量刑

毒品等违禁品有效成分的确认和含量检测是司法量刑的重要依据，错误和不精确的含量鉴定结果将导致以生命为代价的错判。根据最高人民法院、最高人民检察院、公安部 2007 年 12 月颁布的《办理毒品犯罪案件适用法律若干问题的意见》，对可能判处被告人死刑的毒品犯罪案件，应当进行毒品含量鉴定，对涉案毒品可能大量掺假或者系成分复杂的新

类型毒品的，亦应当进行毒品含量鉴定。司法鉴定机构对毒品成分的测量涉及液相色谱、气相色谱、质谱等多种相对测量手段，海洛因、甲基苯丙胺、氯胺酮、吗啡等系列毒品标准物质的研发和应用，使检测结果的溯源性和可靠性得到了保障，保证了毒品案件的审判质量。

撰稿专家：李红梅、卢晓华、汪斌、王阳

# 4 科研用试剂资源

## 4.1 科研用试剂资源研究与建设

### 4.1.1 科研用试剂

科研试剂是科学研究、分析测试必备的物质条件，是新兴技术不可或缺的功能材料和基础材料，是科技发展的重要支撑条件之一。科研用试剂在科学技术研究和国民经济发展的各个领域，被广泛地用于测定和验证物质的组成、性质和变化，被喻为“科学的眼睛”和“质量的标尺”。传统化学试剂被称作“通用试剂”。1978年以来，随着国家相关科技计划的实施及物理学、化学、生命科学和材料科学的飞速发展，我国科研用试剂已经具备了一定的科研、开发和生产能力。在科研用试剂的分离、纯化、合成、杂交、克隆与表达、细胞培养和细胞融合、有机溶剂合成制备、分析检测等方向的多项关键技术取得了突破；建立了包括有机化合物中间体、高纯溶剂等12家技术研发应用检测的平台；培养了一支从事试剂研发、检测、工艺设计等的人才团队，为国内科研用试剂的发展积累了良好的技术基础。

### 4.1.2 国际科研用试剂的发展趋势

21世纪以来，科学技术迅猛发展，为满足科学实验及新技术、新工艺的需求，科研用试剂经过不同阶段的发展和调整，迅速发展，出现了大量新技术、新品种，始终保持与国际科技发展前沿相适应的特点。一是不断推出适用基础研究需求的新试剂和新产品，成为跟踪和引导前沿科技发展的重要手段，如美国 SIGMA 公司目录产品达到 16 万种、德国 Merck 公司的目录产品 6 万多种；二是种类涉及领域广，全面覆盖基础研究、农业、生物制药和医药研究、医用材料和临床检验、能源、环境和工业卫生、香精香料与食品及饮料、半导体、化工制造等众多行业；三是研发投入快速增长，如仅德国默克密理博公司 2014 年的研发投入就达 17 亿欧元；四是技术服务体系日趋完善，为科学技术研究提供全面支撑，如美国 SIGMA 公司能提供覆盖基础研究、产品与流程开发、生产与制造、监管规范、设施运营和定制服务等诸多方面的技术服务；五是形成一支能够站在科学技术研究前沿的研发团队。可见，发达国家的科研用试剂的研发、应用与服务体系已经强有力地支撑了其国家科学研究与技术创新。

目前国际试剂品种数量中，有品名的试剂约在 20 万种以上，有化学品安全使用书（Material Safety Data Sheet，MSDS）的品种在 12 万种以上。国内试剂市场常用流通品种约为 5 万种，国内试剂品种的生产累积总数在 4000 ~ 7000 个，其中生产领域通用试剂约占 80% 以上，科学研究领域约占 20%，因此也说明国内化学试剂行业产品品种的局限性。

### 4.1.3 我国科研试剂的发展情况

随着我国科技事业的发展与进步，科研用试剂在科学研究领域的支撑作用不断凸显，各类科技计划始终把科研用试剂的研发工作作为重要的支持方向。2006 年开始，通过“十一五”和“十二五”国家科技支撑计划的支持，国产科研用试剂在技术、人才、产品质量与品种等方面取得了长足的进步。到 2014 年，我国科研用试剂品种从 3000 多种增加了近 1 倍，通用型科研用试剂的市场占有率提升了 50%。高等院校和科研院所的专业研究人员队伍不断扩大，试剂企业的科技投入经费逐年增加，具有国际水平的产品不断进入市场，政产学研用的发展链条逐步衔接并运转，奠定了良好的发展基础。

“十五”期间，随着生物技术的兴起，科研用试剂的范畴由科研

用化学试剂向生化试剂等新的领域拓展。基于此，国家科技支撑计划、“863”计划、国家自然科学基金等多项科技计划，对微电子专用化学品、生化及分子生物学试剂、临床诊断试剂、特种有机溶剂等新兴领域的研发进行了持续支持，提升了我国在相关试剂领域研发的自主创新能力。为更好地推动科研用试剂的研发、生产和应用，2001 年，科技部出台《科研条件建设“十五”发展纲要》，提出要在有条件的地区，积极推进科学仪器、科研用试剂等市场供应网络和社会化服务体系。2012 年，科技部印发《科研条件发展“十二五”专项规划》，从加强研发应用、强化质量管理体系和监管机制等方面对科研用试剂的发展进行了指导和部署。2011 年科技部组建了科研用试剂产业技术创新战略联盟，重点围绕我国科研用试剂的研制、生产、供应等环节进行系统化建设。目前联盟有近 70 家会员，包括北京大学、中国农业大学、华东师范大学、第四军医大学、军事医学科学院、中国食品药品检定研究院、中国科学院有机化学研究所、国药集团化学试剂有限公司、上海化工研究院等产学研单位。该联盟在试剂研发、标准建立、产品质量检测、成果转化和技术交流等诸多方面发挥着积极作用。

### 4.1.4 我国科研用试剂发展中存在的问题

目前我国的试剂行业变化特点主要集中在以下方面：行业格局变化显著，行业资本总额进一步扩大，行业总产能框架基本形成；新的经营理念深化，“互联网 +”进展迅猛，行业创新发展和重点投入增加，试剂的品牌建设和产权意识加强；试剂品种的研究和技术有了较大拓展，产品线拉长，涉及应用与服务。其中最突出的是中国试剂企业的技术创新和能力建设有了很大的进展，尤其是上海、广东和京津等地区。

现今社会，生态环境保护和工农业发展、自然资源合理有效开发和利用、食品药品安全、疾病控制和诊疗、自然灾害检测和公共突发事件带来的问题给国民经济发展和社会安全都带来了新的挑战，而在解决这些问题的过程中，作为科学研究、分析测试必备的物资条件——科研用试剂的发展起着至关重要的作用。

目前，我国科研用试剂现状与科学技术发展仍然不相适应，存在严重的发展滞后。科研用试剂领域产学研各环节链接不强，突出表现在原创性试剂较少、成果转化效果尚不明显、高端新型试剂产品质量水平较低、市场竞争力较弱。根据有关报告，2013 年中央财政中科研支出 2460 亿元，其中科技经费的 60% 左右用于支付材料费（包括试剂和实验材料），而这部分材料费有很大比例用于购买进口试剂。据不完全统计，国内有近 1300 亿元的科研用试剂市场份额被国外试剂公司占有。可以说，国外试剂公司几乎垄断了国内科学技术研究的高端应用市场。

虽然我国科研用试剂的发展取得了可喜的成果，但总体上与先进国家相比还有很大差距。一是通用试剂发展出现了下滑趋势，由于新合成工艺路线、新技术的开发能力下降，使得新品种开发速度缓慢，甚至有的通用试剂出现了断档现象。二是许多实验室形成的技术和产品不能得到有效转化，一些新兴学科领域需要的高技术含量的科研试剂还需要依赖进口。三是生产企业对新产品、新技术开发的研发投入不足，缺乏核心技术的创新，对相关共性关键技术缺乏系统的研究开发，产品缺乏核心竞争力，难以可持续发展。四是质量控制和质量保障体系不完备，产品质量参差不齐，缺乏市场竞争力，在这种情况下，为保证科研工作的可靠性，广大科研工作者只能选择进口试剂。

目前，国内通用试剂、仪器分析试剂、特种试剂及电子工作专用化学品的生产以化工行业为主，临床诊断试剂和生化试剂主要由专业院所、高校及高新技术企业研制。从企业规模上看，国药科研用试剂有限公司（原上海科研用试剂公司）是国内最大的科研用试剂公司，能够提供的国内外试剂品种为 3.4 万种（代理进口和 OEM 产品），累计可以生产的品种数量在 4000 种左右。近年来，华大基因、科华生物等一批开展科研用试剂研发生产的新兴企业开始涌现。从区域分布来看，国产科研用试剂研发和生产的力量主要集中在上海、南京、北京、广州、天津、厦门等地。

## 4.2 我国科研用试剂主要研发机构和生产企业

### 4.2.1 国内研发机构

我国主要的国产试剂研发机构包括北京有色金属研究总院、北京牛牛基因技术有限公司、中国计量科学研究院、中国原子能科学研究院、中国医学科学院基础医学研究所、中国科学院上海有机化学研究所、中国食品药品检定研究院等。

（1）北京有色金属研究总院

北京有色金属研究总院是国内有色金属行业规模最大的综合性研究院，20世纪50年代开始从事高纯金属的制取工艺和分析方法的研究工作。经过几十年的积累，采用区域熔炼、真空蒸馏、卤化物氢还原和电解精炼等方法相组合的新工艺，成功制备出了包括铟在内的24种5N、6N高纯金属。近年来开展了高纯铟深度纯化及ITO靶材的研究，曾承担“大尺寸ITO靶材的研制”课题。并在高纯金属制备设备方面，自主研制并商业化真空/非真空热处理设备、电解精炼用相关设备、电子束轰击熔炼提纯装备、区域熔炼提纯设备等。

承担“十一五”“十二五”国家科技支撑计划“科研用无机试剂核心单元物质及共性关键技术的研制与开发”课题，已经完成了20余种科研用试剂核心无机单元物质的纯化技术和制备工艺的研究，研制出了小型化多用途的电解精炼、低熔点金属真空蒸馏、高熔点金属电子束熔炼和电阻及电子束区域熔炼等设备，初步建立了高纯无机单元物质产品的研发平台。

（2）北京牛牛基因技术有限公司

北京牛牛基因技术有限公司成立于1997年，由回国留学人员投资建立，主要业务涉及新产品研发、样品检验与新药研发、科研用试剂的研发3个方面，是专门从事医学、生物学及基因合成等方面研究和相关高科技产品研发的民营企业。目前企业具有基于基因工程、分析生物学研究、中西药药理和药效学研究、临床诊断试剂和实验室试剂研发、培养基研究、质控实验室和科学仪器研发平台等实验室和生命科学及药检、医学、生物工程等相关产品的生产基地，该基地拥有约1000 $m^2$ 达到10万级GMP

净化车间，加工生产150多个自行研发的产品。通过十几年来承担十余项国际科技攻关和国家科技支撑计划项目，以及北京市科委的重点科研项目，企业已具有多层次和多品种技术产品的储备，并建立了有十多家大专院校和国家级科研院所参与的科研用试剂产学研发展联盟，多角度、全方位地设立了质量控制和检测平台。

（3）中国计量科学研究院

中国计量科学研究院成立于1955年，隶属国家质检总局，是社会公益型科研单位、国家最高的计量科学研究中心和国家级法定计量技术机构。承担着研究、建立、维护和保存国家计量基（标）准和研究相关的精密测量技术的任务，形成了国家基（标）准体系的主体和核心，为保证全国量值的统一做出了重要贡献。建院60多年来，中国计量科学研究院以瞄准国际计量科学前沿，满足国家科技、经济和社会的发展及高新技术应用需要为目标，开展了大量的计量基础性、前瞻性和综合性的技术研究，共获得国家级、部门级科研成果奖300多项。为我国的国民经济建设、高新技术的发展和社会进步起到了重要的支撑作用。

中国计量科学研究院化学所作为“十一五”国家科技支撑计划重点项目“科研用高纯有机试剂核心单元物质及共性关键技术的研制与开发”课题负责单位，开展了高纯科研用试剂分离纯化技术、复杂样品制备技术和高丰度同位素纯品的制备与检测技术的研究，在高纯有机溶剂质量监测方法体系建立方面进行了大量研究工作，建立了基于现代先进检测技术与设备的质量控制体系。中国计量科学研究院化学所进行了光谱级、色谱级、农残级有机溶剂（甲醇、乙腈、乙醇、乙酸乙酯、丙酮、正己烷）的质控检测平台的构建，纯化工艺技术研究及包装、储存、运输等工程化研究，形成了有机溶剂质量控制与标准化平台，建立了试剂中杂质及主成分的系统分析方法、用于生产过程质量控制的分析检测技术与方法、高纯有机溶剂的6种全分析方法标准体系，以及规范化的、不同级别和用途的试剂的技术指标，包括农残、色谱、光谱级溶剂的技术指标等。同时成立了与科研用高纯试剂密切相关的标准化组织——全国仪器分析测试标准化技术委员会，发表了多篇有机溶剂相关的科技论文，形成了

3 套有机溶剂精馏纯化设备，并建立了一支在有机溶剂检测技术、工艺优化、包装储存研究领域的高学历、研究能力强的人才队伍，项目成果获国家科技进步奖二等奖。

（4）中国原子能科学研究院

中国原子能科学研究院（以下简称“原子能院”）创建于 1950 年，是我国核科学技术的发祥地和先导性、基础性、前瞻性的综合研究基地。现有职工 3000 余人，其中两院院士 5 名、博士生导师 70 余名、高级科研与工程技术人员 700 多人。50 多年来，原子能院为中国核事业发展培养了大批人才，输送各类骨干人才 6000 多名，有 60 余位院士曾在原子能院工作过。原子能院拥有北京串列加速器核物理国家实验室、国家同位素工程技术研究中心、中国核数据中心、核保障重点实验室、国防科工委放射性计量一级站、中国快堆研究中心、核临界安全中心等重点实验室。“十五”期间，该院有 2 个项目荣获国家科技进步奖二等奖，56 个项目获省部级奖，7 人获何梁何利奖等名人奖。目前正在以“四大工程”为科技创新平台，加强 8 个重点学科的建设和 14 个重点实验室能力的提升，以国防科技、核电基础和先进核能、核基础科技与交叉学科、核技术应用及产业化为主导方向，深化科技体制改革与创新。作为国内唯一能够制备多品种浓缩同位素的研究单位，该院具有电磁分离器、加速器、MC-ICP-MS 和二次离子质谱仪 SIMS 等大型仪器及配套设备。二十世纪六七十年代其研制的多种类浓缩同位素，为近几十年国内同位素相关研究领域的工作做出了重要的贡献。

（5）中国医学科学院基础医学研究所

中国医学科学院基础医学研究所中心实验室具有很多先进的仪器设备供本项目研究使用，包括 2 台流式细胞仪、Luminex 100 IS 荧光微球检测仪和 1 台生物传感器（Biacore 3000）。生物传感器将被用来监测各种单克隆抗体和目标分子的结合强度及不同单抗之间的相互作用，以优化反应条件，从而筛选特异性最强、亲和力最高的抗体，用于建立检测方法和产品的开发，这对开发具有自主知识产权的蛋白质检测试剂盒具有十分重要的意义。

（6）中国科学院上海有机化学研究所

中国科学院上海有机化学研究所（以下简称“上海有机所”）是集基础研究、应用研究和高技术创新研究为一体的综合性化学研究所，历史悠久、人才荟萃、实力雄厚、设备一流、成果丰硕，是在国内外享有较高声誉和影响的有机化学研究中心。上海有机所创建于 1950 年 6 月，是中国科学院首批成立的 15 个研究所之一，前身是建立于 1928 年 7 月的前“中央研究院化学研究所”。从开展抗生素和高分子化学的研究起步，经过近 60 年几代人艰苦创业、奋力拼搏，在以有机化学研究为中心的基础研究、应用研究与高新技术开发、人才培养等方面均取得令人瞩目的成就。在我国“两弹一星”研制、“人工合成牛胰岛素、人工合成酵母丙氨酸转移核糖核酸”和“物理有机化学中的两个基本问题：自由基化学中取代萃取剂离域参数和有机分子簇集概念”等一批重大成果中做出了重要贡献。

上海有机所现有生命有机化学国家重点实验室、金属有机化学国家重点实验室，中国科学院氟化学重点实验室、中国科学院天然产物有机合成化学重点实验室，物理有机化学研究室、高分子材料研究室、计算机化学与化学信息学研究室、分析化学研究室与分析测试中心，沪港合成化学联合实验室，中国科学院有机合成工程研究中心及企业联合实验室等。受中国化学会委托，编辑出版《化学学报》《Chinese Journal of Chemistry》和《有机化学》3 份 SCI 收录刊物。

（7）中国食品药品检定研究院

中国食品药品检定研究院（以下简称“中检院”）是国家食品药品监督管理总局的直属事业单位，是国家检验药品生物制品质量的法定机构和最高技术仲裁机构，依法承担实施药品、生物制品、医疗器械、食品、保健食品、化妆品、实验动物、包装材料等多领域产品的审批注册检验、进口检验、监督检验、安全评价及生物制品批签发，并负责国家药品、医疗器械标准物质和生产检定用菌毒种的研究、分发和管理，以及开展相关技术研究工作。中检院前身是 1950 年成立的中央人民政府卫生部药物食品检验所和生物制品检定所。1961 年，两所合并为卫生部药品生物

制品检定所。1998年，由卫生部成建制划转为国家药品监督管理局直属事业单位。2010年，更名为中国食品药品检定研究院，加挂国家食品药品监督管理局医疗器械标准管理中心的牌子，对外使用“中国药品检验总所”的名称。

中检院已发展成为集检定、科研、教学、标准化研究于一体的综合性国家级检验机构，具备食品、药品、保健食品、化妆品、医疗器械五大类检测能力。通过实施“人才兴检”和“科技强检”战略，产生了许多开创性科技成果，获国家科技奖33项、省部级奖200余项。其中，“流行性出血热灭活疫苗研究”“流行性乙型脑炎减毒活疫苗的研制”等6项成果获国家科技进步奖一等奖。

中检院同联合国开发计划署、世界卫生组织及美国、英国、加拿大、日本、德国等20多个国际组织、国家和地区的食品药品检验相关机构开展了多渠道、多领域、深层次的合作交流。成功申请WHO生物制品标准化和评价合作中心，成为发展中国家首个WHO生物制品标准化和评价合作中心。

### 4.2.2 科研用试剂产业技术创新战略联盟

科研用试剂产业技术创新战略联盟是在科技部的指导下，由北京牛牛基因技术有限公司承办，会同各高等院校、科研机构及其他组织机构，以共同的发展需求为基础，以重大产业技术创新为目标，以具有法律约束力的契约为保障，自愿组成的联合开发、优势互补、利益共享、风险公担的全国性行业合作组织。联盟的成员单位包括中国食品药品检定研究院、宁夏医科大学、北京大学、四川大学、江南大学、首都师范大学、天津科技大学、中国科学院植物保护研究所、第四军医大学、中国农业大学、北京牛牛基因技术有限公司等单位。联盟成立以来，开展了多种形式、多种方式科技研发项目的组织和协调活动，并申请制定了相关国家标准。

### 4.2.3 国内科研用试剂企业介绍

我国科研用试剂的代表性企业如表 3-15 所示，其中规模较大的前 5 家企业为西陇科学股份有限公司、国药集团化学试剂有限公司、广东光华科技股份有限公司、南京化学试剂股份有限公司、广州化学试剂厂。

表 3-15 科研用试剂国内代表性企业

| 序号 | 企业 | 领域 |
|---|---|---|
| 1 | 西陇科学股份有限公司 | 通用试剂、PCB 电子化学品、超净高纯溶剂、生物试剂 |
| 2 | 国药集团化学试剂有限公司 | 化学试剂、实验耗材 |
| 3 | 广东光华科技股份有限公司 | 化工产品、化工原料 |
| 4 | 南京化学试剂股份有限公司 | 化学试剂、药用辅料、电子化学品、定制化学品 |
| 5 | 广州化学试剂厂 | 化学试剂、精细化学品 |
| 6 | 天津市科密欧科研用试剂有限公司 | 化学试剂、化工材料 |
| 7 | 上海阿拉丁生化科技股份有限公司 | 化学试剂、生物试剂 |
| 8 | 安徽时联特种溶剂股份有限公司 | 高纯溶剂、高纯酚、环烷酸、液氨等 |
| 9 | 上海四赫维化工有限公司 | 化工产品 |
| 10 | 上海三爱思试剂有限公司 | 化学试剂、精细化工、化工原料 |

## 4.3 科研用试剂资源支撑科技创新与经济社会发展

### 4.3.1 我国试剂国产化取得的主要进展

近 10 年来，我国科技计划及近年来化学、物理学、生命科学和材料科学的飞速发展，以及市场机制的完善，极大促进了科研用试剂国产化和产品、技术进步。传统科研用试剂的研发、生产和质量控制的核心技术快速发展，初步形成完备的技术推广与应用平台，基本解决了我国通用试剂的需求问题。我国在临床诊断试剂、环境分析试剂、生物试剂、

手性试剂等方面具有一定基础，可部分满足国内市场需求。

通过科技部“十一五”“十二五”等科研用试剂项目的实施，实现了共性关键技术攻关和机制与模式创新，推动了科研用高纯试剂核心单元物质的产业化；建立了研发中心、检测与质量控制平台和产业化基地，为科研用试剂的质量控制、技术转化和扩散及可持续发展奠定了良好的技术基础，为我国食品、环境、生命科学等研究领域提供了有力的支撑。产、学、研相结合，初步建立起我国科研用试剂研究开发的基地雏形，促进科研用试剂的快速发展。科研用试剂项目获得国家技术发明奖二等奖1项、国家科技进步奖二等奖1项、省部级科技奖励5项。相关参与单位与国内大部分科研人员、中小型企业在国内构建了具有高度技术合作、统一品牌、统一质量标准和管理体系、统一市场和服务体系的试剂产业联盟。以技术和市场的扩展为目标，各单位在独立核算的基础上，通过商业化方式运作，在产品开发、质量管理和市场化方面高度合作，可以在产品品种、数量、质量控制和销售渠道上取得优势，实现国内具有自主知识产权的、创新性试剂产品的集成化与规模化，形成具有很好扩展性能的产学研用联盟的试剂集团，在很大程度上解决了研发力量分散、难以形成合力和相当一部分技术和产品被国外公司收购或者贴牌销售的问题。

随着我国经济、科技的发展与市场需求的剧增，科研用试剂行业表现出蓬勃发展的态势。高校、科研机构和技术型企业培养和吸引了一批高素质专业人才，不仅成为我国科研用试剂研发的中坚力量，同时也是我国试剂技术转化、产业化的源泉。各级分析测试机构在检测技术、标准制定研究方面具有良好的技术基础和研究能力，可为科研用试剂的质量评价和质量保证及国家标准体系的建立提供有力支撑。科研及相关领域的应用及通过国内外产品的比较，在具体应用方面积累了大量的基础数据资源，为试剂的发展与改进提供了很好的方向。

### 4.3.2　科研用试剂对产业创新的支撑

科研用试剂是科学技术发展的基础，是生命科学、环境科学、制药、公共安全等科研领域不可或缺的基础条件，是完成科学研究的必备物质条件，是保证《国家中长期科学和技术发展规划纲要（2006—2020年）》和《国家"十一五"科学技术发展规划》重点任务实施的基础。由于长期以来我国的科研用试剂市场几乎被国外试剂垄断，部分试剂被限制出售给中国、部分试剂产品的价格奇高而难以承受等诸多方面的因素，极大限制了我国科研的发展。据不完全统计，国家科技计划项目中，购买科研用试剂的预算超过了60%，即国家科研项目研发资金的一半以上被国外试剂公司赚取，同时也进一步打压了国内试剂公司。

因此，综合考虑到高端试剂品种被"卡脖子"，科研项目不得不使用国外昂贵试剂等情况，以及相应的试剂研发技术的技术储备和衍生到下游数以千计的试剂盒对我国原创性科学研究的影响等，在科研用试剂的研发方面，必须尽快有计划、有步骤地开展工作，达到基本满足我国科技计划研发的需求、平抑产品物价及推动产品创新的目的，为部分产品进入国际市场，与进口试剂形成互补性发展奠定良好的基础。

撰稿专家：张庆合

# 第4章

# 国际生物种质与实验材料资源现状

生物种质与实验材料资源是支撑和保障国家生态、环境、经济和社会发展的战略性资源，从联合国、国际组织到各个国家，均已针对生物种质资源研究与保护通过多个法规、公约，并制订战略计划和具体的管理规范，以推动生物种质与实验材料资源的收集、保藏和利用。

# 1 国际公约与计划

## 1.1 国际公约

**联合国与国际组织针对生物种质资源研究与保护通过多个法规、公约，推动种质资源保护。**其中，《生物多样性公约》（Convention on Biological Diversity，CBD）是首个以保护生物多样性，并实现其可持续利用为目标的全球性公约，是生物多样性保护领域具有法律约束力的法规；《国际植物保护公约》则通过防止有害生物的传入和扩散来保护栽培植物和野生植物，为植物保护提供了一个国际框架；国际植物新品种保护联盟拟定的《国际植物新品种保护公约》是保护育种者权益的重要国际协定，旨在保护新品种育种成果的知识产权。联合国粮农组织于 2001 年通过的《粮食和农业植物遗传资源国际条约》，旨在保护和可持续利用粮食和农业植物遗传资源，鼓励平等分享遗传资源。实验材料方面，世界动物卫生组织、欧洲动物保护组织等制定了《保护脊椎动物用于科学实验和其他科学研究公约》《保护农畜欧洲公约》《保护屠宰用动物欧洲公约》《用于实验和其他科学价值理念的脊椎动物保护欧洲公约》，以及《人道诱捕标准国际协定》等国际公约，以促进各国动物福利相关立法的发展。

**除国际条约外，国际上针对生物种质与实验材料资源研究与保护通过多个法规、规划，并制订了一系列行动计划。**其中，《生物多样性公约》缔约国先后通过了《全球植物保护战略》《生物多样性战略计划》《遗传资源获取与惠益分享的名古屋议定书》等，为各缔约国生物种质资源保护提供了纲领性文件。2007 年，联合国粮农组织粮食和农业动物遗传资源国际技术会议通过的《动物遗传资源全球行动计划》为全球动物遗传资源保护工作的有效性提供了框架，关注动物遗传资源的清查、保存、可持续利用和开发。另外，世界粮食和农业遗传资源委员会还计划将遗传资源多样性写入政策条例。

### 1.2 管理规范

**联合国及国际组织在生物资源，特别是动植物遗传资源的保护方面制定了具体的管理规范，为国际及各国种质资源保护提供了管理框架。**例如，联合国粮农组织《粮食和农业植物遗传资源种质库标准》提供了有效的种质库管理全局性框架，制定了保育植物遗传资源需要遵守的程序和详细标准，可作为全球植物种质（种子、活植物和外植体）保存的指南；《国际植物种质收集及转让行为守则》规定了植物种质资源收集方、赞助方、管理方和使用方在收集和转移植物种质时的基本责任，以确保在国际社会利益最大化的前提下进行植物种质的收集、转让和使用。国际植物遗传资源委员会（International Board for Plant Genetic Resources，IBPGR）（国际生物多样性中心前身）于1985年出版的《种质库种子处理实用手册》为种质库管理员及技术人员提供了很大帮助；随着一系列公约、规划的推出，国际生物多样性中心又于2006年制定了适应现有公约框架的《种质库种子处理手册》，对种质保存的全过程，包括获取、注册、处理、检测、储存、分发和再生等环节的管理进行了相应指导。国际植物遗传资源研究所也于2003年发布了《种质收集有效管理指南》，从建立种质库的目的出发，介绍了种质库管理规范、种质库运行经费开支及种质资源的合作共享等内容，为有效地进行种质保存管理提供了指导。

### 1.3 项目计划

**国际组织发起多项国际性研究计划与项目，推动全球生物种质与实验材料资源保护工作的实施。**其中，于2010年正式合作启动的国际生命条形码计划（International Barcode of Life，iBOL）是全球最大的生物多样性基因组计划，该计划根据基因组序列的多样性，利用DNA条形码作为鉴定已知物种和发现新物种的方法，扩大现有条形码参考库——生命数据系统条形码（Barcode of Life Data，BOLD）。国际农业研究磋商组织（Consultative Group on International Agricultural Research，CGIAR）启动作物种质管理和维持研究项目，以及推动加快发展中国家品种改良、实现育种现代化的合作平台——卓越育种平台。为保障全球种子库建设，2013 年，世界两大主要的农业组织——国际农业研究磋商组织与全球作物多样性信托基金（Global Crop Diversity Trust）达成协议，启动 CGIAR 作物种质管理和维持研究项目（CGIAR Research Program for Managing and Sustaining Crop Collections），投资支持全球 11 个 CGIAR 研究中心“基因库”中作物、饲料和农林业资源样本的保存与共享。另外，世界知识产权组织（World Intellectual Property Organization，WIPO）于 2014 年 10 月发布了《动物遗传资源专利态势报告》（Patent Landscape Report on Animal Genetic Resources），关注动物遗传资源专利保护情况。国际植物园保护联盟（Botanic Gardens Conservation International，BGCI）于 2015 年发布《保护世界濒危树种——全球迁地保藏调查》报告①，倡导全球开展树种保藏研究。

# 2 政策规划与管理规范

各发达国家与生物多样性国家积极履行国际公约、响应国际规划，部署本国生物种质与试验材料资源保护。一方面，各缔约国响应《生物多样性公约》下的《全球植物保护战略》和《生物多样性战略计划》，制订了本国战略计划；另一方面，颁布相关政策法规，并推出具体的管理规范，保障本国生物种质与实验材料资源保护工作的实施。同时，各国部署多项研究项目与计划，推动本国生物种质与实验材料资源保护工作。

## 2.1 生物种质资源

### 2.1.1 美国

美国从 20 世纪初开始在全球收集生物种质资源，现存生物种质资源

① BGCI. Conserving the World’s Most Threatened Trees-A global survey of ex situ collections [EB/OL].[2015-12-20]. https://www.bgci.org/files/Ex%20situ%20surveys/webLR.pdf.

总量巨大，且将近80%来自其他国家。美国建有完善的植物种质资源保存法律法规体系，并实施多项计划完善生物种质资源保存。

（1）政策法规

美国先后颁布了多部法规，并制定了相关管理规范，从立法层面对植物种质资源进行保护。《国家遗传资源保护法》具体对国家遗传资源的保护做了详细规定；美国率先颁布的《植物专利法》（Plant Patent Act）对以无性繁殖所获得的植物新品种等进行保护，开启了植物品种保护的先河；通过颁布《植物品种保护法》（Plant Variety Protection Act），则将保护对象进一步扩展到有性繁殖获得的植物新品种。此外，为保护濒临灭绝或受威胁的物种及其赖以生存的生态系统，美国国会通过了《濒危物种法》（US. Endangered Species Act，ESA），作为联邦政府保护濒临灭绝或受威胁物种的基本法规。美国还制定了《珍稀物种保护条例》《作物种质资源管理条例》《国外遗传资源搜集指导依据》等具体管理规范，为本国生物种质资源保护的具体实施提供了指导依据。

（2）项目计划

早在20世纪90年代，美国国会即批准实施国家遗传资源计划（National Genetic Resources Program，NGRP），支持建立国家植物种质资源系统（National Plant Germplasm System，NPGS），并建立“美国种质资源信息系统”（Germplasm Resources Information Network，GRIN）作为该保存体系的信息共享平台，该平台是全球最大的种质资源信息网络之一。基于GRIN，美国农业研究服务部（ARS）与国际生物多样性中心（Biodiversity International）及全球农作物多样性信托基金（GCDT）于2008年共同启动全球农作物种质资源信息网络系统（GRIN-Global），旨在建立标准统一的全球性农作物种质资源信息管理系统[①]。

同时，美国国家科学基金会（NSF）及亚利桑那州立大学于1996年共同资助推出“生命之树”网络计划（The Tree of Life Web Project），旨在建立一个非营利性的树状网络体系，从而将地球上所有的生命标定

① 曹永生，方沩．国家农作物种质资源平台的建立和应用[J]．生物多样性，2010，8（5）：454-460.

在这棵“树”上。1998 年 NSF 支持的植物基因组计划（National Plant Genome Initiative，NPGI）持续开展，注重植物结构基因组、功能基因组研究，以及将基因组信息和知识用于开发、改良植物和以植物为基础的新型产品。2002 年，美国能源部推出后基因组计划——“从基因组到生命”计划（Genomes to Life，GTL），并先后发布《GTL 路线图》（GTL Road Map）、《GTL 战略计划》（GTL Strategy Plan 2008），提出其核心目标是系统地研究微生物，了解几千种微生物的基因组及微生物系统对生命活动的调控作用，为利用生物手段解决能源与环境问题铺平道路。此外，2012 年，组约植物园牵头“世界植物志”（the World Flora）项目，编写地球植物生命目录，旨在 2020 年前建立首个全球在线植物目录，并将涵盖全球 40 万种植物的信息。

（3）美国 NSF 的资助主题分析

美国国家科学基金会（National Science Foundation，NSF）是美国基础研究的主要资助机构，系统梳理、分析 NSF 在生物种质资源保藏领域的布局，可以反映国际上在该领域的科研布局与关注重点。NSF 在该领域的关注重点包括系统分类、发育与进化、生物种质资源数字化与数据共享、基因组资源的研究开发，以及生物多样性的多维度研究和宏观系统生物学研究。

系统分类、发育与进化是美国 NSF 长期布局的生物资源研究领域之一，目前已部署了“生命之树”的构建、可视化和分析、进化过程集群、生命谱系（Go Life）、分类学和生物多样性集群，以及加强生物分类学能力的相关合作的项目。NSF 关注生物种质资源数字化与数据共享，其“推动生物多样性资料库数字化”项目旨在促进国家现有生物多样性样本完成数字化数据建档，扩大国家资源的范围，提供更有效和创新的方式来获取生物学和古生物研究收藏的信息，以满足对生物多样性样本数据获取日益增加的需求。同时，NSF 关注基因组资源的研究开发，20 世纪即启动了美国植物基因组计划及新一轮植物基因组研究项目 PGRP，关注结构基因组、功能基因组研究，并应用于农作物改良和遗传资源开发。另外，NSF 关注从基因多样性、分类 / 进化多样性和功能多样性 3 个维度开展生

物多样性的多维度研究，于2010年就开始启动生物多样性多维度研究计划的持续性资助。除此以外，宏观系统生物学也是NSF的关注重点，包括定量、多学科、系统性的生物圈过程，以及其与气候、土地利用和物种入侵的复杂相互作用的系统研究。

### 2.1.2 欧盟

与国际《生物多样性公约》相呼应，欧盟制定了本土的相关行动规划与研究战略。2006年，欧盟委员会基于本土生物多样性存在的问题，以及目前采取的生物多样性保护规划、计划情况，制定了相应的《欧盟生物多样性保护行动规划》，提出了布局的关键领域和相应的目标，以及有助于实现2010年生物多样性保护目标的措施。欧洲生物多样性研究战略平台（European Platform for Biodiversity Research Strategy，EPBRS）于2010年通过了《2010—2020年欧洲生物多样性研究战略》，对未来10年欧洲在生物多样性领域开展科研工作进行了规划，推动实现与自然环境的和谐共赢。

为了推动欧洲国家间作物种质资源长期保存和共享利用的合作，早在20世纪80年代，欧盟即发起了“欧洲植物遗传资源合作计划”（European Cooperative Programme for Plant Genetic Resources，ECPGR），并在此框架支持下建立了“欧洲植物遗传资源信息平台”（European Plant Genetic Resources Information Infrastructure，EPGRIS），加强成员国间的农作物种质资源信息共享。该计划还于2009年设立“欧洲种质库整合系统”（European Genebank Integrated System）项目，以整合成员国的农作物种质资源，加强农作物种质资源的保存和共享。2012年，欧盟委员会又投资建立欧洲植物科学网络（ERA-CAPS），旨在协调和整合欧洲及其他国家和地区的植物科学研究信息。

### 2.1.3 日本

在生物种质资源保护领域，日本政府做了大量工作。早在1993年，日本政府制定的《环境基本法》中，便明确提出了保护生物多样性的目标。

该法案中指出，要保护生态系统和野生物种的多样性，从而保护自然环境多种多样的特征。

为响应国际《生物多样性公约》，并实现《环境基本法》中对生物多样性保护的要求，日本环境省于 1995 年发布了首个国家级的《生物多样性国家战略》，设定了本国的生物多样性保护目标，关注生物种质资源的保护。制定了生物资源保护战略，确定了 2010 年的保护目标，保护本国的种质资源，其中微生物约为 60 万种，动物细胞约为 3 万种，动物约为 4000 种，植物遗传资源约为 60 万种。

此外，日本还于 2008 年发布了《生物多样性基本法》，确定了生物多样性保护的基本措施，标志着正式将生物多样性的保护纳入法律范畴。《种苗法》《爱护动物管理法》《外来物种入侵规范法案》等法案，共同为日本的生物种质资源保护提供了依据。同时，日本的《植物遗传资源分发指南》《基因资源管理规章》则为生物种质资源保藏、利用与推广提供了具体的指导规则。

研究项目与计划方面，日本于 2002 年启动了国家生物资源计划（National BioResource Project，NBRP），确定了至 2010 年保护植物遗传资源约 60 万种的战略目标，致力于国家生物资源保护和可持续利用研发的长远目标及国家层面整合利用体系的建立。

### 2.1.4 英国

注重生物种质资源保护的英国也颁布了《动物保护法》《植物品种和种子法》，制定了《植物遗传资源分发指南》《基因资源管理规章》，以保障本国植物种质资源保存。

作为联合国《生物多样性公约》的缔约国，英国积极响应，于 1994 年由英国环境、食品和农村事务部（Department for Environment，Food and Rural Affairs，DEFRA）发布了《英国生物多样性行动计划》（UK BAP），制订了未来 20 年英国生物多样性保护相关的一系列行动计划，确定了英国生物多样性保护的总体目标。

英国生物技术与生物科学研究理事会（Biotechnology and Biological

Sciences Research Council，BBSRC）支持启动了国家种质资源单元项目（Germplasm Resources Unit），致力于作物种质资源的保存、管理和推广，为英国及国际的学术、产业及非产业组织提供服务。另外，皇家植物园于2016年发布了首份全球性的植物现状评估报告《全球植物现状评估报告》（State of the World's Plants），对目前地球生物多样性、植物面临的全球威胁及现有政策效果进行了全面分析，并对全球植物数据做了进一步梳理。

### 2.1.5 加拿大

联合国《生物多样性保护公约》的常设秘书处位于加拿大，作为该公约重要的缔约国之一，加拿大围绕该议题做了大量工作。作为对该公约的响应，加拿大制定了本国的生物多样性战略——加拿大生物多样性战略（Canadian Biodiversity Strategy），为加拿大的生物多样性保护设定了全景规划，并制定了一个涉及各层面的行动框架，强调生物资源的合理利用、管理，以及对遗传资源的共享。

在政策、法规与研究计划的布局方面，加拿大制定了《植物保护法》《植物种质系统获取政策》等政策法规，规范本国植物保护与种质资源的获取与保藏。同时，2010年，加拿大农业及农业食品部为了响应联合国"国际生物多样性年活动"启动了两大主要项目：加拿大植物基因资源保护（Plant Gene Resources of Canada，PGRC）和国家生物资源保藏（National Biological Resources Conservation，CNC），关注加拿大农业种质资源保存和植物基因库建设，保护和保育加拿大农业遗传资源，并为国内和国际上的遗传材料提供鉴定服务。

### 2.1.6 澳大利亚

为保护本国生物多样性，澳大利亚联邦政府积极在国际范围内寻求支持与合作，加入了一系列有影响力的国际公约。1952年，澳大利亚签署了《国际植物保护公约》，随后，澳大利亚先后加入了《濒危野生动植物种国际贸易公约》《国际植物新品种保护公约》《粮食和农业植物遗传资源国际条约》。1993年，澳大利亚获批加入《生物多样性公约》，构建了相应的法律框架，规范遗传资源和生物资源的准入和利用，同时公平、公正地分享从资源利用中所产生的惠益。2012年，澳大利亚又签署了《〈生物多样性公约〉关于获取遗传资源和公正公平地分享其利用所产生惠益的名古屋议定书》，促进遗传资源的惠益共享。

法规政策层面，澳大利亚联邦政府于1999年颁布了《联邦环境保护与生物多样性保护法》（EPBC法案），旨在保护澳大利亚的生物多样性，强调对生物遗传资源的保护，对遗传资源的定义、保护原则、管理机构、获取、惠益分享等方面做了明确规定，是生物种质资源产地环境管理的重要法律依据。

战略计划层面，澳大利亚2010年发布的《澳大利亚生物多样性保护战略2010—2030》是澳大利亚生物多样性保护的国家框架，该战略明确了澳大利亚遗传资源获取政策的目标，旨在确保本土生物资源的可持续性，也是对联合国《生物多样性公约》的贯彻执行。另外，澳大利亚植物健康组织（Plant Health Australia，PHA）制订了国家植物健康战略计划，计划开展一个全国性的植物健康指导项目，解决植物健康、生物安全等面临的相关的关键问题。

研究项目层面，南澳大利亚发展研究所（South Australian Research and Development Institute，SARDI）于2007年牵头了“加强澳大利亚农业种质保存”（Enhancing Germplasm Conservation for Australian Agriculture）国家项目，旨在收集和保存对澳大利亚农业具有战略意义的种质资源，以加强澳大利亚农业种质资源保存。此外，联邦政府还于2011年建立了“生物多样性基金”，投巨资保护生物多样性。

## 2.2 实验材料资源

### 2.2.1 美国

#### （1）实验动物

在美国，实验动物饲养和应用的相关法律和法规均较为完善，既有

联邦和地方颁布的法律，也有政府各部门发布的行业管理法规和指南，还有非政府性质的民间评估认证委员会进行的认证活动，对美国的实验动物管理从各个方面进行了有效的规范①。

1866年美国成立了美国防止虐待动物协会（American Society for the Prevention of Cruelty to Animals，ASPCA）。1873年美国颁布了首部与动物管理有关的联邦法律《28小时法》（28 Hrs Law），该法律是针对当时大量家畜长途运输的情况制定的，要求时间超过28小时的长途运输，必须给予动物良好的运输、充分的休息和照料条件。1966年，美国通过了第1部《实验动物福利法》（Animal Welfare Act），授权美国动植物检疫局和美国农业部共同监督实施。该法律是针对大量使用动物用于科学研究的情况颁布，是美国最重要的一部实验动物法规。

美国公共卫生署（PHS）是联邦内另一个负责管理和监督研究用动物饲养和使用的机构。公共卫生署于1973年通过《人性化饲养和使用实验动物法规》（Public Health Service Policy on Humane Care and Use of Laboratory Animals），并于1979年和1986年重新修订。该法规基本涵盖了研究、检测或教学用的脊椎动物，是申请和进行联邦政府资助项目的重要依据，同时也是申请美国国立卫生研究院（National Institutes of Health，NIH）、食品和药品管理局（Food and Drug Administration，FDA）和疾病控制中心（Centers for Disease Control，CDC）奖项的依据。

除了有关实验动物的法律法规，还有一些涉及各类实验中动物饲养管理和使用事项的规范性指南和手册。1963年，《实验动物设施与管理指南》（Guide for Laboratory Alnimal Facilities and Care）第1次出版，后更名为《实验动物管理与使用指南》（Guide for the care and Use of Labotatory Animals）（以下简称《指南》），后继的几次修订都得到了NIH的支持和美国实验动物研究所（Institute of Laboratory Animal Resources，ILAR）的指导。这是美国一个最早有关实验动物饲养管理和使用的指南，2010年出版了《指南》的第8版。《指南》一经出台，几乎被所有相关专业的指南和法规所引用或参考，

① 尹海林．美国实验动物的法规化管理[J]．四川动物，2003，22（1）：651-653.

并被翻译成多国文字，成为很多国家参照执行的规范文献之一。

此外，还有 1978 年美国 FDA 颁布的规范动物实验的《良好实验室操作规程》（Good Laboratory Practice，GLP）。该规程规定，凡向 FDA 申请研究许可证或销售许可证的所有新药临床前实验研究项目，均要遵守 GLP 原则。1965 年美国实验动物评估和认可协会（American Association for Accreditation of Laboratory Animal Care，AAALAC）成立，协会对各申请单位的动物使用、管理及设施进行检查评估，并向动物使用机构提供相关信息[①]。AAALAC 没有制定每个成员需要遵守的规章和制度，主要以现有的法律、法规、规则和科学标准作为参考。

（2）实验细胞

2016 年 2 月，美国国家细胞制备协会（National Cell Manufacturing Consortium，NCMC）发布了一份名为《面向 2025 年的技术路线图：实现大规模、低成本、可复制、高质量的细胞制造》，用于指导治疗大量疾病包括癌症、神经性疾病、血液与视力障碍、器官再生和修复等的细胞疗法中的大规模细胞制造。该路线图由美国国家标准与技术研究所（National Institute of Standards and Technology，NIST）的高级制造技术协会项目（Advanced Manufacturing Technology Consortia，AMTech）资助，NCMC 由佐治亚研究联盟（The Georgia Research Alliance，GRA）和佐治亚理工大学联合创立，NCMC 负责领导该路线图的指定，联合了超过 60 家企业、学术机构和相关政府机构参与[②]。路线图定义了细胞制造的研究范围与意义，并提出了细胞制造的优先行动路线图。

### 2.2.2 欧洲

（1）实验动物

1986 年，欧洲共同体部长理事会通过了关于“试验用或其他科学目

---

① 史光华，吕京，葛红梅，等. 北美实验动物认可管理现状 [J]. 实验动与比较医学，2015, 35（2）: 138-139.

② Toon J. Roadmap for Advanced Cell Manufacturing Shows Path to Cell-Based Therapeutics[EB/OL].[2017-02-09]. http: //www.news.gatech.edu/2016/06/11/roadmap-advanced-cell-manufacturing-shows-path-cell-based-therapeutics.

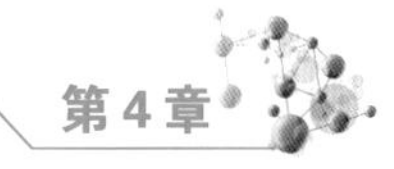

的用动物保护”的委员会指令 86/609/EEC[①]，重点用于提高动物使用的质量控制水平，并规定了实验动物设施、动物试验操作和监控应用达到的基础标准。2013 年 1 月 1 日，欧盟 27 国开始实施新的保护实验动物的指令 2010/63/EU[②]。新法规修订体现了以“3R”［减少（Reduction）、优化（Refinement）和替代（Replacement）的统称］为核心的原则，涉及动物试验的伦理评估和建立持续的伦理审核制度、非人灵长类动物的使用。加强法规的透明度和执行力及成员国之间动物伦理的合作等内容是其修订的亮点[③]。

欧洲各国均注重实验动物福利的保护。尤其是英国，已经形成了完善的法律体系[④]。1822 年，英国人理查德·马丁提出“反对虐待及不恰当地对待牛的行为”的法案，并在英国国会获得通过，这就是著名的《马丁法案》。2 年后，世界上第一个动物福利皇家防止虐待动物协会（Royal Society for the Prevention of Cruelty to Animals，RSPCA）在伦敦成立。1954 年英国政府颁布了《动物保护法案》（麻醉），反对所有能够给动物造成疼痛、痛苦的实验或程序。1986 年，英国通过《动物（科学方案）法令》，适用于任何在科学实验中使用的脊椎动物，并可以扩展到一些无脊椎动物。设置了三级（实验基地、实验方案和实验人员）控制的执照办法系统，成为英国实验动物法规的核心。

（2）实验细胞

欧盟组织和细胞指令（The European Union Tissue and Cells Directives，EUTCD）致力于在整个欧洲建立一个统一的方法来对组织和细胞进行管控，该指令为相关标准设定了一个基准，即必须满足开展任何人类所需的包括组织和细胞在内的研究活动；指令还要求应建立一套系统，以确

---

① European Commission. Council Directive 86 /609 /EEC of 24 November 1986 on the approximation of laws, regulations and administrative provisions of the Member States regarding the protection of animals used for experimental and other scientific purposes [J]. Official Journal of the European Union, 1986, 358: 1-28.

② European Commission. Directive 2010 /63 /EU of the European Parliament and of the council of on the protection of animals used for scientific purpose [J]. Official Journal of the European. Union, 2010, 276: 33.

③ 刘超，程树军，罗苑妮，等．欧盟保护实验动物新指令 2010/63EU 介绍及比较分析 [J]. 中国比较医学杂志，2012，22(5):72-76.

④ 杨葳，郑志红，史晓萍，等．英国实验动物福利法律法规浅析 [J]. 实验动物科学，2008，25(1):71-72.

保所有用于人类应用的组织和细胞均可实现从捐赠者到接受者的全程追踪①。EUTCD 由 3 个指令组成②，其中母指令（2004/23/EC③）制定了基本法律框架，主要关注捐赠标准、采购、检测、处理、保存、存储和分配等问题；2 个技术指令（2006/17/EC④和 2006/86/EC⑤）为成员国执行有关母指令的立法和执法提供了详细的技术基准。EUTCD 对人体组织和细胞应用的每一个步骤都制定了具有法律约束力的技术要求，为研究和临床使用干细胞技术提供了安全和质量方面的制度保障⑥。

### 2.2.3 日本

自 1951 年日本就发起了实验动物现代化运动，经过 1953—1958 年实验动物科学工作的启蒙时期，和以后的实验动物科学工作现代化普及时期，目前已进入了实验动物科学现代化工业发展时期。日本实验动物研究与应用已经发展为独立学科，实验动物的生产已实现了社会化、标准化、商品化、产业化，并逐渐形成了完整的组织机构与管理体系。

1973 年日本颁布了作为动物相关基本法的《动物保护与管理法》。1980 年，日本以总理府告示方式颁布了《实验动物饲养及保管准则》，成为各个高校、公共、私立研究机构使用实验动物的准则。1987 年，文部省学术国际局根据准则的内容发布了《关于大学内动物实验的通知》，要求各大学、研究部门必须成立动物实验管理委员会，根据本单位的具体情况制定各种动物实验和实验室管理指南。目前，日本实验动物的管理是在日本国家大法的约束下，通过行业和民间社会团体

---

① THE COMMISSION OF THE EUROPEAN COMMUNITIES[EB/OL].[2017-02-09]. https://www.hta.gov.uk/policies/eu-tissue-and-cells-directives.

② THE COMMISSION OF THE EUROPEAN COMMUNITIES[EB/OL].[2017-02-09]. http://www.hfea.gov.uk/2072.html.

③ THE COMMISSION OF THE EUROPEAN COMMUNITIES[EB/OL].[2017-02-09]. http://eur-lex.europa.eu/LexUriServ/LexUriServ.do?uri=OJ:L:2004:102:0048:0058:EN:PDF.

④ THE COMMISSION OF THE EUROPEAN COMMUNITIES[EB/OL].[2017-02-09]. http://eur-lex.europa.eu/legal-content/EN/TXT/?uri=celex:32006L0017.

⑤ THE COMMISSION OF THE EUROPEAN COMMUNITIES[EB/OL].[2017-02-09]. http://eur-lex.europa.eu/LexUriServ/LexUriServ.do?uri=OJ:L:2006:294:0032:0050:EN:PDF.

⑥ 黄清华 . 细谈欧盟三个细胞指令 [J]. 科技导报 , 2013, 31(30):11.

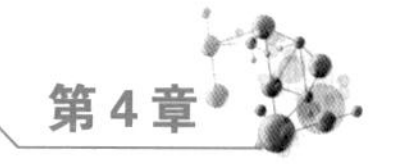

的自律实现。例如，大学的研究者进行的动物实验（动物实验计划书、动物实验设施）都是由各个大学的动物实验指南和动物实验管理委员会自主进行审查。

# 3 前沿技术

## 3.1 基因组测序技术

自 2003 年人类基因组计划完成之后，测序技术发展迅猛，测序读长不断加长、通量不断提升、时间不断缩短，促使成本大大降低，基因组测序技术也已从原来使人望而却步成为一项常规技术，测序物种数量和物种多样性与日俱增。市场上不断涌现出基于各种原理针对不同靶标的新型分支技术。

宏基因组测序技术是研究环境微生物群落的有效工具，该技术摆脱了微生物分离纯培养的限制，能够获得低丰度物种的功能信息，构建不同物种之间协同的代谢网络，扩展了微生物资源的利用空间。

RNA 测序（RNA-Seq）技术是一种高度灵敏而准确地在转录组层面衡量表达的工具，该技术的进步使得转录组学研究在过去几年中得到了迅猛发展。

单细胞测序不仅测量基因表达水平更加精确，而且还能检测到微量的基因表达子或罕见非编码 RNA，其优势是全方位和多层次的。《Nature Methods》期刊连续几年都将单细胞测序列为年度值得关注的技术之一。2013 年，《Science》期刊将单细胞测序列为年度最值得关注的六大领域榜首。利用单细胞测序技术，对于研究比较罕见的细胞、异质性的样本、与遗传嵌合或突变相关的表型及不能人工培养的微生物等都有显著优势。

种质资源是生物遗传改良和相关基础研究的物质基础，基因组学的发展对作物种质资源研究思路、技术路线、研究方法等也产生了革命性的影响，伴随基于第二代测序的全基因组水平基因型鉴定技术（如全基因组测序、重测序、简化基因组测序、RNA 测序等）的出现，越来越多的物种全基因组完成了测序，种质资源研究也因此进入一个新的历史发展阶段。

来自澳大利亚昆士兰大学、深圳华大基因研究院等单位的科研人员对高粱进行了全基因组测序及分析，为今后高粱及其他粮食作物在农业经济性状的育种改良方面提供了宝贵的遗传资源，同时也为解决全球日益严峻的粮食问题奠定了重要的科研基础①。西南大学家蚕基因组生物学国家重点实验室完成了对桑树的全基因组测序②，有助于促进桑树改良，调控蚕的基因表达，对蚕桑产业的创新变革及现代桑树学的建立都具有巨大的推动作用。由国际油菜测序联盟牵头，中国农业科学院油料作物研究所等国内外相关机构首次完成甘蓝型油菜的基因组测序工作③。这是国际上首次对传统多倍体作物的复杂基因组进行完整测序和组装，该成果有效指导和促进油菜遗传改良，为含油量、适应性等分子育种选择提供了丰富的基因库。来自南非、巴西、美国、比利时、法国、加拿大、德国、澳大利亚、葡萄牙等多国的科学家组成的联合研究小组完成了包含 6.4 亿个碱基对、超过 3.6 万个基因的大桉基因组测序工作④。桉树用途广泛，其快速生长的习性已引起研究人员广泛关注，被认为具有常年稳定提供生物质原料的潜力。科学家通过基因测序明确了相关的核心基因集，以及木质部发育过程中高水平表达的木质素构建候选基因。

生产上广泛种植的普通小麦是一种异源六倍体，含有 A、B 和 D 3 个基因组。随着小麦基因组测序工作的不断深入，对挖掘与谷物品质、病虫害抗性或环境耐受性等在农业上具有重要意义的特性相关的基因具有

① Emma SMace, Shuaishuai Tai, Edward KGilding, et al. Whole-genome sequencing reveals untapped genetic potential in Africa’s indigenous cereal crop sorghum[J]. Nature Communication, 2013 (4):2320.

② Ningjia He, Chi Zhang, Xiwu Qi, et al. Draft genome sequence of the mulberry tree Morus notabilis[J]. Nature Communications, 2013 (4):2445.

③ Boulos Chalhoub1, France Denoeud, Shengyi Liu, et al. Early allopolyploid evolution in the post-Neolithic Brassica napus oilseed genome[J]. Science, 2014, 345(6199): 950-953.

④ Alexander A Myburg, Dario Grattapaglia, Gerald A Tuskan, et al. The genome of Eucalyptus grandis[J]. Nature, 2014 (510): 356-362.

重要意义①。

此外，得益于高通量测序技术的快速发展，国内外研究人员还完成了果树、花类、天然药用植物、鱼类等多个物种的全基因组测序工作，为开展相关的遗传改良育种，提高经济效益做出了巨大贡献。

高通量测序技术也为生物进化研究带来了巨大机遇。美国和一些欧洲国家已率先启动了类似于人类基因组计划的“生命之树”计划（Tree of Life，TOL），将对生物进化研究的发展产生深远影响。从测序获得的海量数据中分析挖掘基因组中的大量序列信息，包括有关重复基因、DNA片段缺失 / 插入、转座子丢失 / 插入等信息，为系统发育研究提供了丰富的资料。

## 3.2 基因编辑技术

自2013年基因编辑技术（CRISPR/Cas9技术）问世以来，就有着无可比拟的优势，该技术不断改进后，更被认为能够在细胞和模式动物中最有效、最便捷地“编辑”任何基因。目前在果蝇、斑马鱼、啮齿类大小鼠和非人灵长类等大动物体内，通过CRISPR/Cas基因编辑利器，都实现了基因编辑。

近年来，基因编辑技术本身也取得了突破性进展，除了CRISPR/Cas9，科学家们还开发出了CRISPR–Cpf1②、CRISPR–CasX/CasY③，靶向RNA的CRISPR/C2c2④等多种新的基因编辑系统。到目前为止，CRISPR/Cas9已在诸多动植物细胞及人类胚胎的遗传改造中得到广泛应用，对许多疾病的治疗都有重大意义。此外，CRISPR技术的改进研究也不断取得进步，对系统的脱靶率、蛋白大小等问题进行了修正。

① The International Wheat Genome Sequencing Consortium. A chromosome-based draft sequence of the hexaploid bread wheat (Triticum aestivum) genome[J]. Science, 2014, 345(6194). doi: 10.1126/science.1251788.

② Bernd Zetsche, Jonathan SGootenberg, Omar OAbudayyeh, et al. Cpf1 Is a Single RNA-Guided Endonuclease of a Class 2 CRISPR-Cas System[J]. Cell, 2015, 163(3): 759-771.

③ David Burstein, Lucas BHarrington, Steven CStruttNew, et al. CRISPR–Cas systems from uncultivated microbes[J]. Nature, 2016 (542): 237-241.

④ Omar OAbudayyeh, Jonathan SGootenberg, Silvana Konermann, et al. C2c2 is a single-component programmable RNA-guided RNA-targeting CRISPR effector[J]. Science, 2016, 353(6299): aaf5573.

基因编辑技术的发展，对于生物资源的挖掘与应用有着极为重要的意义。基于基因编辑技术（包括 ZFNs、TALENs 和 CRISPR/Cas9）的爆炸性发展，构建了海量各种类型的生物模型资源。这些生物资源的开发利用，在许多领域都展现出极大的应用前景，如疾病治疗、植物新品种、动物新品种、用于科学研究的动物模型、新的化合物及能量来源的开发等。

哈佛大学等机构的研究人员利用 CRISPR 技术实现了精确广泛的遗传改变，这可能是迄今为止通过 CRISPR 实现精确、广泛遗传改变的最极端的例子①。2015 年 12 月 7 日，英国帝国理工学院完成的一项有关 CRISPR/Cas9 基因编辑重要成果，第一次将疟蚊改造成了不能生育及快速传递这一性状的蚊子，由此降低了这种疾病传播的可能性②，他们的研究成果朝着开发出新的传病媒介控制方法迈出了重要的一步。2016 年 5 月 26 日，美国华盛顿大学研究人员的一项新研究通过基因编辑工具 CRISPR 创建了独特的基因“条形码”，从而有可能对活体生物内的细胞系进行追踪③。

基因编辑在不同生物中的应用，已经创建了包括抗除草剂油菜、转基因大豆和大动物模型等新的生物资源。这些生物资源的开发利用，同时也创造着巨大的商业价值。据估算，2016 年基因编辑工具、试剂、服务、模型和其他相关供应市场规模将达 6.08 亿美元。随着新应用的发展及相关项目的增加，这一市场预计将在未来 5 年持续快速增长。

中国一直处在 CRISPR 技术应用的最前沿。中国科学院遗传与发育生物学研究所率先将这一革命性的简单基因编辑工具应用于农作物，特别是小麦和水稻。2014 年，南京大学和昆明理工大学的研究人员宣布成功创造出定向突变的基因工程猴，这是有记录以来首次在非人灵长类动物身上成功使用此项技术。2016 年 1 月，中国科学院上海神经科学研究所

---

① Yang L, Güell M, Niu D, et al. Genome-wide inactivation of porcine endogenous retroviruses (PERVs)[J]. Science, 2015, 350(6264): 1101-1104.

② Hammond A, Galizi R, Kyrou K, et al. A CRISPR-Cas9 gene drive system targeting female reproduction in the malaria mosquito vector Anopheles gambiae[J]. Nature Biotechnology, 2016 (34): 78-83.

③ Aaron McKenna1, Gregory MFindlay1, James AGagnon, et al. Whole organism lineage tracing by combinatorial and cumulative genome editing[J]. Science, 2016, 353(6298): aaf7907.

成功建立了自闭症的非人灵长类动物模型。2016年4月，哈尔滨工业大学生命学院黄志伟教授及其团队首次揭示了CRISPR-Cpf1识别crRNA的复合物结构。2017年2月，中国科学院遗传与发育生物学研究所高彩霞研究组构成高效的植物单碱基编辑系统nCas9-PBE，成功地在小麦、水稻和玉米三大重要农作物基因组中实现高效、精确的单碱基定点突变[①]。相信以后会有更多中国的科学家团队通过改造生物资源，造福于人类。

## 3.3 DNA条形码技术

不同于传统方法主要依据性状特征差异进行鉴定，DNA分子鉴定技术依靠反映生物个体、居群或物种基因组中具有差异特征的DNA片段来鉴定，具有不受环境改变影响及经验的限制等优越性。其中，基于序列分析的DNA条形码技术是目前影响较大、应用较广泛的DNA鉴定技术之一。该技术的应用可以极大地节约物种识别的时间，提高识别精度，作为一种高效科研工具同时又具有极大的商业发展潜力。

2012年4月，一种来自安第斯山云雾森林的显花灌木被正式分类命名为*Brunfelsia plowmaniana*，这种植物曾经在以往数十年间给许多植物学家带来困惑，因无法确定其是否为新的进化种[②]。*plowmaniana*的遗传密码证明它是一个植物新品种，这一发现开创了DNA定义新植物种类的先河，填补了植物学中这一领域的空白。

为了帮助识别结核病不同的起源和染色体位置，英国科研人员研究了超过9万个基因突变图谱，来追踪结核病如何在世界范围内扩散及人对人在空气中传播的状况。这项研究发现发表在2014年第5期的《自然通讯》杂志上。新的条码技术还被用来确定毒性表现的菌株类型，这可成为医生和科学家研究和诊断肺结核的依据之一。

2016年5月26日出版的《科学》期刊刊载了美国华盛顿大学研究人

① Yuan Zong, Yanpeng Wang, Chao Li, et al. Precise base editing in rice, wheat and maize with a Cas9- cytidine deaminase fusion[J]. Nature Biotechnology, 2017. doi:10.1038/nbt.3811.

② Daisy Yuhas. Genome Run: Andean Shrub Is First New Plant Species Described by Its DNA[J]. Scientific American, 2012.

员的一项新研究成果，他们通过基因编辑工具CRISPR创建独特的基因“条形码”，实现了对活体生物内的细胞系信息的追踪。研究人员开发的这种新方法，可通过基因编辑技术逐步引入和累积发现DNA条形码中经多轮细胞分裂后出现的不同突变[①]。

经加拿大圭尔夫大学的研究人员2012年9月12日证实，运用他们开发的DNA条形码验证天然保健品的准确率已达88%，该研究成果发表在《国际食品研究》杂志上。这一成果有望解决当今世界保健品处于缺乏管制的无序状态，对经济、卫生、法律和环境造成严重不良影响的问题，是一项非常有意义的发明。

中国医学科学院药用植物研究所陈士林率领的研究团队在“863”计划和国际科技合作等基金支持下，经过近10年的努力完成了8000余种中草药及其混伪品的DNA条形码研究，创建了“中药材DNA条形码生物鉴定体系”，能够实现中药资源信息检索、查询及比对鉴定[②]。中药材DNA条形码分子鉴定指导原则已获准纳入《中华人民共和国药典》2010版增补本。2016年度国家科学技术奖励大会上，“中草药DNA条形码物种鉴定体系”项目荣获国家科学技术进步奖二等奖[③]。

## 3.4 分子育种技术

分子育种技术是把表现型和基因型选择结合起来的一种作物遗传改良技术，主要包括分子设计育种、分子标记辅助选择技术和转基因育种三大类[④]。

### （1）分子标记辅助选择技术

分子标记辅助选择技术（MAS）利用分子标记方法来对目标性状基因型进行选择，主要用于水稻、玉米和小麦育种等。其中，MAS在水稻

① Aaron McKenna, Gregory MFindlay, James AGagnon,et al. Whole organism lineage tracing by combinatorial and cumulative genome editing[J]. Science, 2016, 353(6298): aaf 7907. DOI: 10.1126/science.aaf 7907.

② 中国网. DAN条形码生物鉴定：中药材鉴定迈入基因时代 [EB/OL].[2017-02-13]. http://zy.china.com.cn/2014-12/24/content_34395704.htm.

③ 搜狐健康. 中药DNA条形码物种鉴定体系获国家科技进步二等奖 [EB/OL].[2017-02-12]. http://health.sohu.com/20170110/n478295057.shtml.

④ 黎裕，王建康，邱丽娟，等. 中国作物分子育种现状与发展前景 [J]. 作物学报，2010(9):1425-1430.

育种中应用较好的领域是抗稻瘟病基因和白叶枯病基因的转育方面。例如，朱玉君等利用 MAS 培育兼抗稻瘟病和白叶枯病的水稻恢复系[①]；范宏环等利用 MAS 技术来选育携有水稻白叶枯病抗性基因 Xa23 的水稻株系[②]；王飞等采用 MAS 技术改良武运粳 29196 的稻瘟病抗性，研究结果表明，利用 MAS 技术可明显提高稻瘟病抗性改良的预见性和准确性，缩短育种年限、加快育种进程[③]。

MAS 技术在玉米育种中主要用于提升玉米抗病、抗旱等性能。例如，谭华等以来自国际玉米小麦改良中心（CIMMYT）的高抗南方玉米锈病种质为抗锈源，把抗病基因导入来自温带的欠抗锈种质，借助 MAS 技术，聚合抗锈基因定向改良；柳思思等在已发掘的耐旱通用 QTL 基础上，选取相关的 18 个连锁标记进行开发，并且验证在不同种质背景下 24 份玉米自交系的耐旱性[④]。

MAS 技术在小麦育种中主要用于提升小麦品质和抗病性（如白粉病、叶锈）。例如，王志等利用 Lr24、Lr38 的分子标记辅助选择技术提高了抗叶锈基因选择的准确度[⑤]；吕学莲等利用 MAS 技术筛选抗白粉病及优质基因的聚合体[⑥]。

（2）分子设计育种

新一代测序技术的快速发展推进育种工作真正进入分子设计育种时代，分子设计育种在大豆、水稻、林木和蔬果育种等领域发挥了越来越多的作用。

在大豆分子设计育种方面，我国已经开发和鉴定了多个与产量、发育、品质、抗病和抗逆等性状相关的新的分子标记和 QTL，克隆了与光周期

---

① 朱玉君，樊叶杨，王惠梅，等．应用分子标记辅助选择培育兼抗稻瘟病和白叶枯病的水稻恢复系 [J]. 分子植物育种，2014(1):17-24.

② 范宏环，王林友，张礼霞，等．通过分子标记辅助选择技术选育携有水稻白叶枯病抗性基因 Xa23 的水稻株系 [J]. 中国水稻科学，2011(3):331-334.

③ 王飞，王立广，潘梅瑶，等．水稻抗稻瘟病 Pigm(t) 基因的分子标记辅助选择与利用 [J]. 华北农学报，2016(1):51-56.

④ 柳思思，刘玲玲，许侃，等．玉米耐旱功能标记辅助选择初探 [J]. 植物遗传资源学报，2013(2):232-236, 242.

⑤ 王志．小麦抗叶锈病中间材料的 Lr24、Lr38 分子标记辅助选择 [J]. 麦类作物学报，2017(1):1-6.

⑥ 吕学莲，白海波，惠建，等．分子标记辅助选择小麦抗白粉病及优质基因聚合体 [J]. 分子植物育种 2017(4):1378-1384.

反应、共生固氮、产量、品质及抗逆性相关的多个基因，获得了一批具有抗虫、耐除草剂等特性的转基因大豆新品系和种质①。

水稻分子设计育种的重要目标之一是高产。例如，通过对水稻核心种质育种材料体系的全基因组测序，开发功能性分子标记和特异基因芯片②。将分子设计育种用于超级稻育种，有助于通过理想株型的构建结合籼粳亚种间杂种优势利用，来实现寻求水稻单产、品质、适应性的新突破③。

提高单产小麦产量和耐旱性已成为小麦分子设计育种工作的重点，具体包括小麦重要农艺性状基因 /QTL 高效发掘、建立小麦主要育种性状的 GP 模型④。

分子育种技术的应用使得马铃薯、油菜、棉花等蔬果和经济作物的育种水平得到了快速发展，主要聚焦于高产、优质、抗病虫、抗逆、养分高效利用、适于机械化生产等重要农艺性状的调控机制等方面。例如，油菜的大部分农艺性状均为数量遗传性状，近年来一些重要的性状基因及 QTLs 得到了高效的发掘，包括抗性、育性、品质性状和产量性状等的基因定位、QTL 定位。收集、整理并建立数据库以归类管理和利用这些庞大的数据是进行油菜品种的分子设计，进而开展基于基因组学乃至蛋白质组学的现代油菜育种的重要基础⑤。

此外，分子设计育种还可用于林木育种研究，在缩短林木育种周期、提高育种效益、增强定向育种的可靠性和加速育种进程等方面颇具潜力。目前，国内外已完成了杨属、落叶松属、桉属等 10 多个属中的 30 个树种的遗传连锁图谱的绘制⑥。

---

① 冯献忠，刘宝辉，杨素欣．大豆分子设计育种研究进展与展望 [J]. 土壤与作物 ,2014(4):123-131.

② 周德贵，赵琼一，付崇允，等．新一代测序技术及其对水稻分子设计育种的影响 [J]. 分子植物育种，2008(4):619-630.

③ 万建民．超级稻的分子设计育种 [J]. 沈阳农业大学学报 , 2007(5):652-661.

④ 田纪春，邓志英，牟林辉．作物分子设计育种与超级小麦新品种选育 [J]. 山东农业科学 , 2006(5):30-32.

⑤ 刘勋，殷家明，徐新福．分子设计育种在油菜育种中的应用展望 [J]. 安徽农业科学 , 2009(7): 2875-2877.

⑥ Zhang QF, Li JY, Xue YB, et a1. Rice2020:a call for an international coordinated effort in rice functional genomics[J] .Molecular Plant, 2008, 1(5):715 -719.

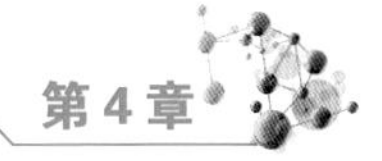

## 3.5 标本数字化技术

标本数字化的基础数据采集工作中的标本分类鉴定、归类整理、图像采集、信息处理等工作，可以结合各类高清数字照相、3D 立体成像与多媒体制作技术，以及 3D 数据扫描与 3D 打印技术等，为后期制作一个内容丰富多彩、媒体形式多样、用户界面友好、适合互联网和移动互联网浏览的展示系统提供基础。例如，伦敦的格兰特动物博物馆藏有一具缺失一条腿的斑驴骨骼，科研人员借助先进的 3D 扫描与 3D 打印技术，重建了缺失的腿部，成功修复了这一灭绝动物的标本。

利用网络信息技术和云计算平台，建立能够高效地提交、保存、管理、分析数字标本的基于 WEB 互联网的信息技术共享平台，可以解决标本资源分散、重复，以及数据、信息共享不畅等问题，实现数字化信息管理的科学性和完备性，开发数字信息的管理、保藏的接口标准，实现数字化信息的规范性和一致性，并通过数据关联分析挖掘更多的标本信息和科技内涵。例如，2016 年 7 月，英国华威大学等机构的研究人员合作开发了目前全球最大的基于云计算的微生物生物信息学资源共享服务平台，利用云基础设施（CLIMB 项目）提供免费的基于云的计算、存储和分析工具，来支持英国医学微生物学协会和国际合作伙伴的研究。

随着网络技术的发展，虚拟现实和增强现实技术已经广泛应用于虚拟展示和模拟体验等领域，利用计算机仿真模拟、对象全景技术等搭建标本的 3D 或 4D 虚拟动态展示平台，有助于提升标本展示的直观性和体验性，达到更理想的演示和宣传效果。运用虚拟现实技术开发出 1∶1 比例的 3D 虚拟现实立体动物解剖模型，能够更加直观地用于标本展示和辅助科研。未来，随着深度机器学习和人工智能等技术的进一步发展，标本的展示与共享将达到更高的人机交互水平。

## 3.6 实验动物替代技术

在当前人类文明发展的趋势和背景下，实验动物福利问题受到高度重视。动物实验应本着减少（Reduction）、替代（Replacement）和优化（Refinement）的“3R”原则，替代实验动物研究应运而生，利用组织细胞培养和计算机模拟等新型技术代替实验动物的研究得到了发展。随着生物材料、基因编辑和微型生理系统等新兴技术的发展，脏器芯片（Organ-on-a-chip）和微器官培养（Organoid Cultures）等 3D 培养技术得到应用①；随着计算机图形、传感技术、人机交互、人工智能等虚拟现实技术的发展，传统生物学实验的虚拟仿真逐步走向前台②。

数字化虚拟动物技术是在动物科学研究基础上应用现代信息技术，通过计算机整合动物机体不同层次的数据信息，重构动物三维立体结构模型，从而构建动物形态学信息研究数字化平台③，近年在虚拟动物的物理性、生理性和智能性方面逐渐发展。2011 年，美国国立卫生研究院投入 1300 万美元创造了一个计算机模拟的小白鼠，研究人员可以利用计算机的小鼠模型来预测实验结果，将虚拟小鼠与普通小鼠结合使用以不断提高医学实验的准确性。2015 年，参与人类脑计划（Human Brain Project）的艾伦脑研究所科学家成功将小鼠大脑中的 20 万个神经元映射到其身体相应的刺激点，并正在深入开展数据收集工作，以建立可供全球科学家开放使用的计算机模拟小鼠。尽管由于动物机体与行为异常复杂，虚拟动物代替动物实验还有很长一段路要走，但随着大数据处理能力和机器深度学习能力的提高，计算机模拟方法仍有望为实验材料研究提供创新思路和带来难以想象的突破。

撰稿专家：卢凡、刘斌、程苹、汤高飞、张鹏、赫运涛、徐萍、陈方、刘柳、马俊才、吴林寰

① 管博文，李程程，孟爱民．实验动物替代研究进展 [J]. 中国药理学与毒理学杂志，2016(10): 1088.

② 张碧鱼，何素敏，陈笑霞，等．虚拟仿真实验在生物学本科教学中的开发应用 [J]. 实验室科学，2017(1):128-130.

③ 张碧鱼，何素敏，陈笑霞，等．虚拟仿真实验在生物学本科教学中的开发应用 [J]. 实验室科学，2017(1):128-130.

# 第 5 章

# 我国生物种质、实验材料资源保藏发展建议

当前，我国正处在由科技大国向科技强国迈进的历史进程中，科技实力进入“三跑并存”的新阶段。“领跑”要进一步扩大优势，“并跑”要找到突破口，“跟跑”要实现弯道超车，因此需要产出更多的领先性、原创性科技成果。而领先性、原创性科技成果的出现在很大程度上需要有生物种质与实验材料资源的有力支撑。

经过 60 余年的建设与积累，我国生物种质与实验材料资源的研究和保藏取得较大的进步。我国资源家底已逐步摸清，为科研及资源的利用和管理提供了重要支持；资源积累效果初步显现，保藏量居世界前列；资源总量丰富，生物种质资源保藏涵盖范围广、类型多样；建成一批国际优势保藏机构，资源保障能力大幅提升；大力推进生物种质资源的信息化管理，初步建成了国家级的种质资源共享服务平台；初步建立了表型与基因型相结合的种质资源鉴定评价体系，开展了种质资源创新研究；国家资源政策体系逐步建立，资源监管迈入日趋规范的法制化轨道。

# 1 问题与挑战

我国在生物种质与实验材料收集、保藏和利用方面成效显著，但从整体上看，与国外先进水平、国家科技创新和经济社会发展需求及科技体制改革的要求相比，我国尚存在较大的提升空间。

（1）资源丰富但开发利用严重滞后

我国生物种质与实验材料资源保藏丰富，但在挖掘及利用方面仍存在较大的问题。①资源家底调查仍存在缺失。目前科技部、财政部组织的科技资源调查中，仅在生物种质资源的部分领域开展了试调查，其他领域的资源情况尚未完全掌握。②缺乏生物种质资源高效研发平台，重保藏轻研究。国内尚无可开展规模化生物功能评价和研发的技术集成平台，资源收集、保藏、共享利用等环节没有打通，通常只开展收集保藏和分类学性状的鉴定，不做功能评价，制约资源的利用。③缺乏国家层面的生物种质资源和技术共享管理统筹机制。生物种质资源分散在不同机构，共享机制缺乏而导致重复投资、低水平重复开发，限制了资源的有效利用。

（2）重要资源与国际先进水平差距较大

我国一些重要生物种质与实验材料资源的保藏和利用工作与国际先进水平还有较大差距。主要集中在 2 个方面：①资源结构有待优化。以农作物种质资源为例，收集国外资源有助于丰富资源多样性，扩宽育种基因来源，美国农作物种质资源库中国外资源的比重高达 72%，而我国仅为 18%。②高水平资源的研制、采集与保藏相对不足。以标准物质为例，我国标准物质资源总量较大，标准物质国际互认能力已跻身国际前列，但近年来美国新增的大多为医疗、生物及环境基体类高端标准物质，而我国新增标准物质资源中，较大比例是重复研发的简单基体和化学成分量标准物质。

（3）资源管理和共享的政策体系尚不完善

我国生物种质与实验材料资源管理和共享利用的政策体系尚存在一系列的问题。①缺乏严格有效的知识产权管理法规。生物种质和实验材料资源知识产权的形成和保护不足，资源的过度利用、非法贸易、生物剽窃等，造成资源流失严重。②资源共享相关法律法规滞后。信息公开、信息安全相关法律法规缺失，阻碍生物种质和实验材料资源的共享利用。③实验动物管理缺少国家层面的法律及行政法规。行政许可管理和质量监督的法律体系不完善，实验动物生产专业化、规模化和标准化不足，阻碍实验动物资源的引入和输出。④实验动物的保护、福利和伦理审查法规缺失。⑤资源管理机构和人才的稳定性支持不够。资源的收集、保藏、共享利用工作缺乏固定的运行经费，限制了机构的发展质量和规模。

（4）不能充分满足科技创新和国民经济发展需求

生物种质与实验材料资源不仅是科学研究的基础和生命线，也与国民经济和社会发展紧密相连，我国目前资源水平尚且不能满足科技与社会的发展需求。①生物种质资源是生物医药、新能源、新材料等战略新兴产业不可缺少的功能材料和基础材料，我国生物资源产品品质不足，严重影响其商业化水平，目前仍需引进国外优良品种、技术，以满足国民需求。②实验动物与实验细胞广泛应用于人口健康与药物研发等领域，目前我国虽已建立多个实验动物品系，但保种、繁殖能力仍相对较弱，尤其是在新品种（系）的建立上与发达国家有较大差距，且缺乏高质量的检测标准，严重制约我国实验动物质量建设和推广应用；我国实验细胞资源丰富，资源保藏量居世界前列，但资源开放率仍相对较低。③科研用试剂和标准物质的投入、数量、种类及技术水平与国外均有较大的差距，国产科研用试剂集中在中低端的通用性试剂，高技术含量和附加值的高端科研试剂市场长期被国外垄断。

# 2 发展建议

与具体领域的科学研究活动相比，生物种质与实验材料资源等科技条件资源处于同等重要甚至更为重要的地位。加强生物种质与实验材料资源的收集、保藏、研究、利用等工作具有重要意义。

（1）发展资源保藏、开发及利用能力，完善领域的全链条布局

在关注生物种质与实验材料资源的保藏和鉴定能力建设的同时，也应加强种质信息应用技术、实验动物替代技术等先进资源研究、利用技术的开发，包括数据采集技术、图像自动识别技术、数据分析模型和方法及网络技术，以及数字化虚拟动物模型、重构动物三维立体结构模型的相关技术等，以促进种质与实验材料资源的充分保护、开发及利用，在该领域占据引领地位。

进一步完善国家生物种质与实验材料资源的资助体系，从收集、鉴定、保藏到利用等各方面进行全链条、不同层面的布局。加强资源的收集保存，强化资源的深度鉴定，加强资源保护与利用体系及能力建设，并实现资源保护、鉴定、共享利用三大体系的协同配套，全面提升资源保护和利用能力，推动我国生物种质与实验材料资源领域的全面稳步发展。

（2）重视重要资源的收集保藏，丰富、优化资源结构

加强重要生物种质与实验材料资源的保藏和利用工作，优化资源结构，尤其应丰富农作物种质资源多样性，扩大育种基因来源，创制骨干新种质，培育突破性新品种，把我国从种质资源大国转变为基因资源强国。因此，应特别重视 3 类种质资源的考察收集：①作物的野生种及其近缘植物，特别是原产于我国的作物，以及引入我国历史悠久、在我国已成为多样性中心的作物。②特有作物和特殊类型，如水生作物、根茎作物、药效作物和抗逆、抗病虫、早熟、矮秆、优质及特殊遗传种质。③有开发利用价值的新作物、新类型，如籽粒苋、禾参子、粒用藜、四棱豆、

鹰咀豆、瓜尔豆、食用美人蕉等。

同时，应积极开辟国外考察途径，与国际组织合作考察收集我国缺需的生物种质资源，特别是原产地的作物野生近缘植物资源。我国也应逐步开放已经考察过的地区，制定出既要保护国家资源，又能促进国际种质交换和交流考察的条例，平等互利，不断丰富我国基因库。

（3）完善资源管理政策体系，推动资源安全、有效共享

加强资源的分类管理、完善考核评价制度、推进国际化交流、促进资源开放共享等政策制度的研究和完善，建立长期、稳定的支持制度和机制。①修订和完善已有法律法规和政策制度，并积极推进资源保护和共享的立法工作，填补相关领域政策制度空白。②结合不同类别资源的特点和发展需求，强化资源的全链条分级分类管理，推动资源管理的科学化和专业化。③明确资源进出口管理机构，建立符合国际规范的进出口管理规范和标准的转移协定，建立完善的信息登记、发布管理和追踪机制及平台。④针对发达国家资源收集范围全球化、保存设施现代化、研究体系规模化、基因主权化的发展趋势，我国应关注资源的知识产权、所有权归属、利益分配等权益主张，避免资源流失；同时，重点关注基因资源的产权保护工作，防止优异种质基因资源流失，保障国家基因资源的主权。⑤制定人才队伍保障政策体系，完善工作绩效评价机制，建立梯队结构相对稳定的研究队伍，保障资源的研究、应用工作持续进行。

（4）建立技术标准与规范，推动面向产业的应用服务

技术标准与规范的建立是生物种质与实验材料资源共享、利用的重要保障，其建立标志着在该领域话语权的掌握。①加强建设领域相关技术标准与规范，积极参与甚至引领国际合作，实现在全球范围内开展资源的收集和战略储备。②建立明晰的生物种质与实验材料资源产权制度，构建符合我国社会经济发展阶段和国情的资源资产化管理框架和制度，规范繁育、培养、采收与储藏、商品化处理、深加工等关键环节。③在保障生物种质、标本、标准物质、实验动物、实验细胞等资源的研究和保藏的同时，建立应用技术标准与规范，加强面向产业的应用服务。

④建立标准化生产体系、质量安全监测技术体系、技术推广服务体系，提高产品质量安全水平，提升产业在国内外市场竞争力。

（5）制定中长期发展规划，推动我国资源稳定发展

重点梳理生物种质、标本、标准物质、实验动物、实验细胞等资源的分布和保藏情况，结合我国生物种质与实验材料资源领域布局的短板、面临的挑战与瓶颈问题，面向“十三五”科技创新和国民经济发展需求，科学合理设计生物种质与实验材料资源发展总体规划，以及各类资源收集保藏的具体计划。

确立生物种质与实验材料资源研究与应用在国家科技创新体系中的地位，将生物种质与实验材料资源的研究与应用纳入国家生物技术与生物产业的现有规划中进行布局，制定中长期发展规划，系统开展全国生物种质资源普查与收集、引进与交换、保护与监测、精准鉴定与评价，以及优异种质资源和实验材料的创制与应用工作，推动我国生物种质与实验材料资源的平衡发展。

综上所述，在当前人类可持续发展正面临能源资源、气候环境、人口健康和生产生活等方面的严峻挑战的背景下，我国有必要面向国家战略需求、瞄准国际前沿热点，及早开展相关部署并采取切实行动。充分发挥我国作为生物种质与实验材料资源大国的整体优势和研究基础，扭转当前生物种质与实验材料资源因管理无序而流失的局面，加强我国战略生物种质与实验材料资源的保护和生物安全保障，取得生物基础研究及关键应用技术的突破；建立生物产业链条的新型模式与体系，提升我国在国际生物种质与实验材料资源领域的核心竞争力，实现我国由生物种质与实验材料资源大国到强国的转变。

撰稿专家：卢凡、刘斌、程苹、汤高飞、张鹏、赫运涛、徐萍、陈方、刘柳、马俊才、吴林寰